中华人民共和国工业和信息化部批准

电子建设工程预算定额

HYD 41-2015

第四册

电磁屏蔽室安装工程

中国计划出版社

图书在版编目(CIP)数据

电子建设工程预算定额:HYD 41-2015. 第4册,电磁屏蔽室安装工程/工业和信息化部电子工业标准化研究院主编. —北京:中国计划出版社,2015. 11

ISBN 978-7-5182-0262-1

Ⅰ. ①电… Ⅱ. ①工… Ⅲ. ①电子技术-建筑安装-建筑预算定额-中国②电磁屏蔽-建筑安装-建筑预算定额-中国 Ⅳ. ①TU723. 3

中国版本图书馆 CIP 数据核字(2015)第 242868 号

电子建设工程预算定额 HYD 41-2015

第四册 电磁屏蔽室安装工程

工业和信息化部电子工业标准化研究院 主编

中国计划出版社出版

网址:www. jhpress. com

地址:北京市西城区木樨地北里甲 11 号国宏大厦 C 座 3 层

邮政编码:100038 电话:(010) 63906433 (发行部)

新华书店北京发行所发行

北京市科星印刷有限责任公司印刷

880mm×1230mm 1/16 6. 75 印张 190 千字

2015 年 11 月第 1 版 2015 年 11 月第 1 次印刷

印数 1—5000 册

ISBN 978-7-5182-0262-1

定价:62. 00 元

主编单位： 工业和信息化部电子工业标准化研究院

批准部门： 中 华 人 民 共 和 国 工 业 和 信 息 化 部

执行日期： 二　〇　一　五　年　八　月　一　日

工业和信息化部办公厅关于发布《电子建设工程概（预）算编制办法及计价依据》和《电子建设工程预算定额》的通知

工信厅规〔2015〕77号

各省、自治区、直辖市、计划单列市工业和信息化主管部门，各有关单位：

为适应电子建设工程的需要，合理确定和有效控制工程造价，我部组织修订了《电子建设工程概（预）算编制办法及计价依据》和《电子建设工程预算定额》。经审查，现批准发布，自2015年8月1日起实施。

原信息产业部于2005年发布的《电子建设工程概（预）算编制办法及计价依据》和《电子建设工程预算定额》（信部规〔2005〕36号）同时停止执行。

本《电子建设工程概（预）算编制办法及计价依据》和《电子建设工程预算定额》由部电子工业标准化研究院负责具体解释和管理并组织出版、发行。

附件：《电子建设工程概（预）算编制办法及计价依据》和《电子建设工程预算定额》目录

中华人民共和国工业和信息化部办公厅

2015年7月14日

附件：

《电子建设工程概（预）算编制办法及计价依据》和《电子建设工程预算定额》目录

1.《电子建设工程概（预）算编制办法及计价依据》

2.《电子建设工程预算定额》（第一册）：计算机及网络系统工程，综合布线系统工程，安全防范系统工程，道路交通、停车场系统工程，自动售检票系统工程，住宅小区管理系统工程，建筑设备自动化系统工程

3.《电子建设工程预算定额》（第二册）：雷达工程，有线电视、卫星接收系统工程，专业通信工程

4.《电子建设工程预算定额》（第三册）：音频、视频、灯光及集中控制系统工程

5.《电子建设工程预算定额》（第四册）：电磁屏蔽室安装工程

6.《电子建设工程预算定额》（第五册）：洁净厂房、数据中心及电子环境工程

说　明

一、《电子建设工程预算定额》（以下简称本定额）包括：

第一册：计算机及网络系统工程，综合布线系统工程，安全防范系统工程，道路交通、停车场管理系统工程，自动售检票系统工程，住宅小区管理系统工程，建筑设备自动化系统工程。

第二册：雷达工程，有线电视、卫星接收系统工程，专业通信工程。

第三册：音频、视频、灯光、集中控制系统工程。

第四册：电磁屏蔽室安装工程。

第五册：洁净厂房、数据中心及电子环境工程。

二、本定额是编制施工图预算、进行工程招投标、签订建设工程承包合同、拨付工程款和办理竣工结算的依据；是统一电子工程预（结）算工程量计算规则、项目划分及计量单位的依据；是编制概算定额、概算指标和估算指标的基础；是完成规定计量单位分项工程计价所需的人工、材料、施工机械和仪器仪表的消耗量标准；也可作为制订企业定额和投标报价的参考。

三、本定额是依据国家有关现行产品标准、设计规范、施工验收规范、技术操作规程、质量评定标准和安全操作规程编制的。

四、本定额是按目前国内大多数施工企业采用的施工方法、机械、仪器仪表装备程度、合理的工期和劳动组织条件进行编制的。

五、本定额是按下列正常的施工条件进行编制的：

1. 设备、材料、成品、半成品和构件完整无损，符合质量标准和相应设计要求，附有合格证书和试验记录。

2. 安装工程和土建工程之间的交叉作业正常。

3. 安装地点、建筑物、设备基础和预留孔洞等均符合安装要求。

4. 水、电供应均满足安装施工正常使用。

5. 正常的气候、地理条件和施工环境。

六、人工工日消耗量的确定和计算方法：

1. 本定额的人工工日单价按照编制期工程所在地人力资源和社会保障部门所发布的最低工资标准，即：普工 1.3 倍、安装工 2.265 倍、调试工 3.26 倍取定的。

2. 人工费计算方法：∑（工程量 × 工日定额消耗量 × 综合工日单价）。

七、材料消耗量的确定和计算方法：

1. 本定额中的材料消耗量包括直接消耗在安装工作内容中的主要材料、辅助材料和零星材料等，并计入了相应损耗，其内容和范围包括：从工地仓库、现场集中堆放地点或现场加工地点到操作或安装地点的运输损耗、施工操作损耗和施工现场堆放损耗。

2. 凡定额内未注明单价的材料，基价中不包括其价格。可根据市场预算价格调整计算。

3. 用量很少，对基价影响很小的零星材料费合并为其他材料费，计入材料费内。

4. 材料费计算方法：∑（工程量 × 材料定额消耗量 × 材料预算单价）。

八、施工机械台班消耗量的确定和计算方法：

1. 本定额的施工机械台班消耗量是按正常合理的机械配备，机械施工工效测算确定的。

2. 凡单位价值在 2000 元以内，不构成固定资产的小型机械合并为其他机械费，计入机械费内。

3. 机械使用费计算方法：∑（工程量 × 机械定额消耗量 × 机械台班预算单价）。

九、施工仪器仪表台班消耗量的确定和计算方法：

1. 本定额的施工仪器仪表台班消耗量是按电子工程项目设计标准和施工验收规范的要求，根据技术性能测量、调试、检测所需仪器仪表的消耗量取定的。

2. 凡单位价值在 2000 元以内，不构成固定资产的小型仪器仪表使用费，合并为其他仪器仪表费，计入仪器仪表费内。

3. 仪器仪表使用费计算方法：∑（工程量 × 仪器仪表定额消耗量 × 仪器仪表台班预算单价）。

十、关于水平和垂直运输：

1. 设备：包括自安装现场指定堆放地点运至安装地点的水平运输，取定为 100m。

2. 材料、成品、半成品：包括自施工单位现场仓库或现场指定堆放地点运至安装地点的水平运输，取定为 300m。

3. 垂直运输基准面：室内以室内地平面为基准面，室外以安装现场地平面为基准面，按 5m 以内编制。

十一、有关建设项目工程费用按《电子建设工程概（预）算编制办法及计价依据》中规定计取。

十二、本定额所涉及的系统试运行（除有特殊要求外）是按连续无故障运行 120 小时考虑的，超出时费用另行计算。

十三、电子建设工程二次深化设计按专业工程估算造价的 2% ~ 3%计取，列入工程造价。

十四、本定额中注有“××× 以内”或“××× 以下”者，均包括 ××× 本身；“××× 以外”或“××× 以上”者，则不包括 ××× 本身。

十五、本说明的未尽事宜，详见各章说明。

十六、为了提高定额质量，请各单位和个人在执行本定额的过程中，认真总结经验，积累资料，如发现需要修改或补充之处，请将意见和建议反馈给电子工程标准定额站（地址：北京市东城区安定门东大街 1 号；邮政编码：100007；电话：64102718、64102656；传真：64102655；网址：www.ceecm.gov.cn；E-mail：postmaster@ceecm.gov.cn），以供今后修订时参考。

目　录

第一章
装配式电磁屏蔽主体安装工程

说明及工程量计算规则

说　　明

1. 本章主要内容包括：小型装配式小板型电磁屏蔽主体、小型装配式大板型电磁屏蔽主体和大型装配式电磁屏蔽主体的板体、底部垫层、H型钢龙骨的安装。

2. 基板尺寸在1.70m×0.85m以内属小板型，超过1.70m×0.85m为大板型。

3. 小型装配式电磁屏蔽主体（高度 <3m，底面积 $<25m^2$）体积相对较小，故对其壳体不作解体分设定额子目，按壳体六面体展开总面积套用定额子目。

4. 底部垫层除本定额所确定的两种形式外，若设计采用另类材料替代时，其主材单价可以换算调整，人工工日和机械台班用量不变。

5. 电磁屏蔽主体配套装置的各类接口、波导窗、滤波器、通风口和散热灯箱等器件的开孔面积，不得在壳板面积中扣除。

工程量计算规则

1. 小型装配式电磁屏蔽主体的小板型和大板型应按其板型、板厚的相应子目及壳体六面体展开总面积以“m^2”计算。

2. 底部绝缘垫层按电磁屏蔽主体底面图示尺寸及材质以“m^2”计算。

3. H型钢龙骨及槽钢横挡、扁钢斜撑分别按墙面及天棚面图示尺寸以“m^2”计算。

4. 大型装配式电磁屏蔽主体底板、墙板和天棚板均按板体图示尺寸以“m^2”计算。

第一节　小型装配式电磁屏蔽主体

工作内容：清场验收、开箱检查、搬运、定位、划线、拼缝处理、安装。　　　　计量单位：m^2

定额编号					15001001	15001002	15001003	15001004
项目名称					底部垫层	壳体		
					橡胶板	小板型	大板型	
						板厚（mm）		
预算基价					18.43	385.14	384.67	455.43
其中	人工费（元）				3.94	122.47	118.10	123.93
	材料费（元）				13.39	256.17	260.17	325.10
	机械费（元）				1.10	6.50	6.40	6.40
	仪器仪表费（元）				—	—	—	—
	名称	代号	单位	单价（元）	数量			
人工	安装工	1002	工日	145.80	0.027	0.840	0.810	0.850
材料	装配式镀锌钢板小板板体 δ1.5	219001	m^2	201.930	—	1.000	—	—
	装配式镀锌钢板大板板体 δ1.5	219002	m^2	194.800	—	—	1.000	—
	装配式镀锌钢板大板板体 δ2	219003	m^2	259.730	—	—	—	1.000
	棉纱头	218101	kg	5.830	—	0.030	0.030	0.030
	角向砂轮片 $\phi100\times16$	208050	片	2.820	—	0.050	0.050	0.050
	酒精	209048	kg	35.000	—	0.030	0.030	0.030
	脱脂纱布 25g/ 卷	218081	卷	2.000	—	0.250	0.250	0.250
	镀锌弹簧垫圈 10	207495	个	0.030	—	—	15.750	15.750
	镀锌带母螺栓 $10\times20\sim35$	207124	套	0.280	—	—	15.750	15.750
	防辐射导电衬垫 W25	219118	m	27.000	—	—	1.910	1.910
	导电衬定位钉	219122	个	0.980	—	—	2.000	2.000
	圆柱导电衬 ϕ6	219121	m	7.000	—	3.240	—	—
	黄铜网 100 目	207241	m^2	46.150	—	0.140	—	—
	橡胶板 $\delta1\sim3$	208034	kg	11.500	1.060	—	—	—
	镀锌带母螺栓 $6\times16\sim25$	207118	套	0.080	—	16.580	—	—
	铜垫圈 6	207014	个	0.500	—	33.160	—	—
	铁砂布 $0^{\#}\sim2^{\#}$	218024	张	0.970	—	0.450	0.450	0.450
	镀锌弹簧垫圈 6	207494	个	0.004	—	16.580	—	—
	镀锌垫圈 $2\sim12$	207571	个	0.040	—	33.160	31.500	31.500
	其他材料费	2999	元	—	1.200	3.500	3.400	3.400
机械	其他机具费	3999	元	—	1.100	6.500	6.400	6.400

第二节　大型装配式电磁屏蔽主体

一、龙 骨 安 装

工作内容：搬运、定位、划线、钻孔、焊接、安装、刷漆。　　计量单位：m^2

定额编号					15002001	15002002	15002003	15002004
项目名称					墙龙骨		天棚龙骨	
					高度（m）		跨度（m）	
					≤ 6	≤ 10	≤ 6	≤ 10
预算基价					250.27	276.75	305.86	374.80
其中	人工费（元）				96.23	103.52	110.81	118.10
	材料费（元）				135.96	155.49	177.64	239.29
	机械费（元）				18.08	17.74	17.41	17.41
	仪器仪表费（元）				—	—	—	—
名称		代号	单位	单价（元）	数量			
人工	安装工	1002	工日	145.80	0.660	0.710	0.760	0.810
材料	硬聚氯乙烯板 δ8	210202	m^2	—	（0.010）	（0.010）	—	—
	镀锌弹簧垫圈 10	207495	个	0.030	2.160	2.160	2.580	2.420
	防锈漆	209020	kg	17.000	0.030	0.040	0.040	0.050
	镀锌带母螺栓 10×40 ~ 60	207125	套	0.400	0.980	0.980	1.400	1.240
	镀锌垫圈 2 ~ 12	207571	个	0.040	4.320	4.320	5.160	4.840
	H 型钢 200×200	201012-3	kg	5.100	—	—	27.840	—
	H 型钢 250×250	201012-4	kg	5.100	—	—	—	39.910
	角向砂轮片 ϕ100×16	208050	片	2.820	0.140	0.140	0.140	0.140
	H 型钢 175×175	201012-2	kg	5.100	—	22.220	—	—
	镀锌带母螺栓 10×20 ~ 35	207124	套	0.280	1.180	1.180	1.180	1.180
	扁钢 60 以内	201018	kg	4.900	0.170	0.170	0.170	0.170
	普通钢板 δ8.0 ~ 15	201032	kg	5.300	1.700	1.040	—	—
	H 型钢 150×150	201012-1	kg	5.100	17.600	—	—	—
	槽钢 16 以内	201020	kg	5.050	5.520	5.520	5.520	5.520
	电焊条 综合	207290	kg	6.000	0.050	0.050	0.050	0.050
	膨胀螺栓 ϕ12	207161	套	1.560	0.420	0.260	—	—
	环氧玻璃纤维绝缘套 ϕ12	210194	个	3.000	0.420	0.270	—	—
	其他材料费	2999	元	—	4.400	4.400	4.400	4.400
机械	电动空气压缩机 ≤ $1m^3$/min	3109	台班	74.800	0.030	0.030	0.030	0.030
	电锤 520W	3095	台班	33.340	0.020	0.010	—	—
	交流弧焊机 ≤ 32kV·A	3100	台班	140.710	0.020	0.020	0.020	0.020
	等离子切割机≤ 80A	3119	台班	85.000	0.030	0.030	0.030	0.030
	其他机具费	3999	元	—	9.800	9.800	9.800	9.800

二、底部垫层及板体安装

工作内容：清场验收、开箱检查、搬运、定位、划线、铺设、组合、安装。　　计量单位：m^2

定额编号					15003001	15003002	15003003	15003004
项目名称					底部垫层	底板	墙板	天棚板
预算基价					73.97	448.63	468.58	480.45
其中	人工费（元）				13.12	118.10	131.22	142.88
	材料费（元）				59.75	324.13	329.86	329.77
	机械费（元）				1.10	6.40	7.50	7.80
	仪器仪表费（元）				—	—	—	—
	名称	代号	单位	单价（元）	数量			
人工	安装工	1002	工日	145.80	0.090	0.810	0.900	0.980
材料	脱脂纱布 25g/ 卷	218081	卷	2.000	—	0.250	0.250	0.250
	角向砂轮片 $\phi100\times16$	208050	片	2.820	—	0.045	0.045	0.045
	铁砂布 $0^{\#}$ ~ $2^{\#}$	218024	张	0.970	—	0.450	0.450	0.450
	棉纱头	218101	kg	5.830	—	0.025	0.025	0.025
	镀锌带母螺栓 10×40 ~ 60	207125	套	0.400	—	—	1.240	0.670
	壳板支撑件	217105	套	9.800	—	—	0.500	0.500
	酒精	209048	kg	35.000	—	0.025	0.025	0.025
	镀锌垫圈 2 ~ 12	207571	个	0.040	—	31.500	33.980	32.840
	装配式镀锌钢板大板板体 $\delta2$	219003	m^2	259.730	—	1.000	1.000	1.000
	封箱胶带 W45mm×18m	209432	卷	6.500	0.090	—	—	—
	橡胶板 $\delta1$ ~ 3	208034	kg	11.500	5.040	—	—	—
	镀锌带母螺栓 10×20 ~ 35	207124	套	0.280	—	15.750	15.750	15.750
	镀锌弹簧垫圈 10	207495	个	0.030	—	15.750	16.990	16.420
	防辐射导电衬垫 W25	219118	m	27.000	—	1.910	1.910	1.910
	其他材料费	2999	元	—	1.200	4.600	4.800	5.000
机械	其他机具费	3999	元	—	1.100	6.400	7.500	7.800

第二章
焊接式电磁屏蔽主体安装工程

说明及工程量计算规则

说　　明

1. 本章主要内容包括：小型无骨架焊接式、有骨架焊接式以及大型焊接式电磁屏蔽主体相配套的底部垫层、地梁桩（支撑托架）、主副地梁、壳体底板、墙板、天棚板和立柱、围梁、横梁、固定梁等安装子目。

2. 焊接式电磁屏蔽主体高度≥4m且底面积≥100m^2时，为大型焊接式电磁屏蔽室；否则为小型焊接式电磁屏蔽室，执行小型无骨架焊接式、有骨架焊接式电磁屏蔽室的相应定额子目。

3. 围护结构体应是地坪坚硬，地面、墙壁平整和环境干燥，符合规范与施工要求。

4. 地梁与底部复合绝缘式、分体绝缘式、非绝缘式、瓷柱绝缘式等绝缘隔断形式的地梁桩进行组合，构成电磁屏蔽主体的一种基座形式。

5. 本定额中大型焊接式电磁屏蔽主体的顶面横梁利用围护结构体上部桁（屋）架作吊挂承载；若需独立自支撑时，可按设计规定计算取费。

6. 大型焊接式电磁屏蔽主体的立柱、围梁、横梁、固定梁和桩柱的安装，是依据室高、面积和常规结构与配置作典型案例，经综合测算分摊，以壳体表面积为定额的计量单位。

7. 电磁屏蔽主体配套设置的电磁屏蔽门和电磁屏蔽窗，执行本册定额第四章相应子目。

工程量计算规则

1. 地梁桩应分别按不同结构与绝缘形式及底面图示尺寸以“m^2”计算。

2. 电磁屏蔽主体的底板、墙板、天棚板按板形、板厚及图示尺寸以“m^2”计算。

3. 小型有骨架焊接式电磁屏蔽主体的矩形钢管骨架应分别按墙面和天棚面的板型及图示尺寸以“m^2”计算。

4. 主副地梁按相应承重载荷子目及图示尺寸以“m^2”计算。

5. 立柱、围梁和横梁，按柱高及墙板、天棚板图示尺寸以“m^2”计算。

6. 壳体固定梁按不同板形及墙板、天棚板的图示尺寸以“m^2”计算。

7. 天棚横梁圆钢吊杆按绝缘形式以“m^2”计算。

第一节　小型无骨架焊接式电磁屏蔽主体

一、地梁桩、地梁安装

工作内容：清理现场、开箱检查、搬运、定位、划线、钻孔、埋螺栓、组合、安装、焊接、刷漆。

计量单位：m^2

定额编号					16001001	16001002	16001003
项目名称					地梁桩		地梁
					绝缘式	非绝缘式	
预算基价					73.13	60.21	183.15
其中	人工费（元）				46.66	40.82	56.86
	材料费（元）				20.20	13.12	110.73
	机械费（元）				6.27	6.27	15.56
	仪器仪表费（元）				—	—	—
名称		代号	单位	单价（元）	数量		
人工	安装工	1002	工日	145.80	0.320	0.280	0.390
材料	硬聚氯乙烯板 δ6	210201	m^2	—	（0.040）	—	—
	防锈漆	209020	kg	17.000	—	—	0.140
	冷弯槽钢 80×40×3	201021	kg	8.200	—	—	12.531
	砂轮切割片 φ350	208051	片	6.840	—	—	0.110
	电焊条 综合	207290	kg	6.000	—	—	0.160
	角向砂轮片 φ100×16	208050	片	2.820	—	—	0.100
	普通钢板 δ4.5～7.0	201031	kg	5.300	1.430	1.430	—
	膨胀螺栓 φ8	207159	套	1.320	2.530	2.530	—
	环氧玻璃纤维绝缘套 φ8	210193	个	2.800	2.530	—	—
	其他材料费	2999	元	—	2.200	2.200	3.600
机械	交流弧焊机 ≤32kV·A	3100	台班	140.710	—	—	0.060
	型材切割机	3108	台班	18.310	—	—	0.050
	电锤 520W	3095	台班	33.340	0.050	0.050	—
	其他机具费	3999	元	—	4.600	4.600	6.200

二、折弯板体安装

工作内容：开箱检查、搬运、定位、划线、组合、安装、焊接、校正、刷漆。　　　　计量单位：m^2

定额编号					16002001	16002002	16002003
项目名称					底板	墙板	天棚板
预算基价					311.33	321.23	331.20
其中	人工费（元）				86.02	94.77	103.52
	材料费（元）				203.34	203.57	203.87
	机械费（元）				21.97	22.89	23.81
	仪器仪表费（元）				—	—	—
	名　称	代号	单位	单价（元）	数　量		
人工	安装工	1002	工日	145.80	0.590	0.650	0.710
材料	角向砂轮片 $\phi100\times16$	208050	片	2.820	0.220	0.220	0.220
	铁砂布 $0^{\#}\sim2^{\#}$	218024	张	0.970	0.080	0.080	0.080
	二氧化碳气	209122	m^3	2.000	0.350	0.380	0.410
	电焊条 综合	207290	kg	6.000	0.050	0.050	0.060
	无骨架焊接式折弯板体 $\delta2$	219004	m^2	186.050	1.000	1.000	1.000
	防锈漆	209020	kg	17.000	0.550	0.550	0.550
	二氧化碳焊丝 $\phi0.8$	207286	m	7.690	0.200	0.210	0.220
	其他材料费	2999	元	—	4.700	4.800	4.900
机械	交流弧焊机 ≤ 32kV · A	3100	台班	140.710	0.020	0.020	0.020
	二氧化碳气体保护焊机≤ 250A	3094	台班	81.620	0.160	0.170	0.180
	其他机具费	3999	元	—	6.100	6.200	6.300

第二节　小型有骨架焊接式电磁屏蔽主体

一、地梁桩、地梁安装

工作内容：清场验收、开箱检查、搬运、定位、划线、钻孔、埋螺栓、组合、安装、焊接、刷漆。

计量单位：m^2

定额编号					16003001	16003002	16003003	16003004
项目名称					地梁桩			地梁
					复合绝缘式	分体绝缘式	非绝缘式	
预算基价					122.03	81.04	64.57	201.18
其中	人工费（元）				55.40	48.11	42.28	56.86
	材料费（元）				59.46	25.76	15.12	128.76
	机械费（元）				7.17	7.17	7.17	15.56
	仪器仪表费（元）				—	—	—	—
名称		代号	单位	单价（元）	数量			
人工	安装工	1002	工日	145.80	0.380	0.330	0.290	0.390
材料	硬聚氯乙烯板 δ6	210201	m^2	—	（0.040）	（0.040）	—	—
	冷弯槽钢 80×40×3	201021	kg	8.200	—	—	—	14.550
	防锈漆	209020	kg	17.000	0.020	0.020	0.020	0.180
	电焊条 综合	207290	kg	6.000	—	—	—	0.160
	角向砂轮片 ϕ100×16	208050	片	2.820	—	—	—	0.100
	砂轮切割片 ϕ350	208051	片	6.840	—	—	—	0.110
	普通钢板 δ4.5～7.0	201031	kg	5.300	1.430	1.430	1.430	—
	橡胶板 δ1～3	208034	kg	11.500	2.930	—	—	—
	膨胀螺栓 ϕ8	207159	套	1.320	3.790	3.790	3.790	—
	环氧玻璃纤维绝缘套 ϕ8	210193	个	2.800	3.800	3.800	—	—
	其他材料费	2999	元	—	2.200	2.200	2.200	4.400
机械	交流弧焊机 ≤32kV·A	3100	台班	140.710	—	—	—	0.060
	型材切割机	3108	台班	18.310	—	—	—	0.050
	电锤 520W	3095	台班	33.340	0.080	0.080	0.080	—
	其他机具费	3999	元	—	4.500	4.500	4.500	6.200

二、矩形钢管骨架安装

工作内容：开箱检查、搬运、定位、划线、下料、组合、安装、焊接、刷漆。　　计量单位：m^2

定额编号					16004001	16004002	16004003	16004004
项目名称					墙		天棚	
					平板形板体	折弯形板体	平板形板体	折弯形板体
预算基价					179.95	126.80	192.55	137.95
其中	人工费（元）				69.98	51.03	77.27	56.86
	材料费（元）				88.69	59.57	92.59	63.48
	机械费（元）				21.28	16.20	22.69	17.61
	仪器仪表费（元）				—	—	—	—
名称		代号	单位	单价（元）	数量			
人工	安装工	1002	工日	145.80	0.480	0.350	0.530	0.390
材料	砂轮切割片 ϕ350	208051	片	6.840	0.090	0.090	0.090	0.090
	角向砂轮片 $\phi100\times16$	208050	片	2.820	0.100	0.100	0.100	0.100
	电焊条 综合	207290	kg	6.000	0.200	0.160	0.220	0.180
	矩形焊接钢管 $50\times30\times2$	201050-2	kg	5.150	10.610	5.100	10.610	5.100
	矩形焊接钢管 $100\times50\times3$	201050-7	kg	5.150	5.200	5.200	—	—
	矩形焊接钢管 $150\times100\times3$	201050-8	kg	5.150	—	—	5.935	5.935
	防锈漆	209020-1	kg	17.000	0.110	0.110	0.110	0.110
	其他材料费	2999	元	—	3.300	2.800	3.300	2.800
机械	型材切割机	3108	台班	18.310	0.170	0.090	0.170	0.090
	交流弧焊机 ≤ 32kV · A	3100	台班	140.710	0.100	0.080	0.110	0.090
	其他机具费	3999	元	—	4.100	3.300	4.100	3.300

三、底 板 安 装

工作内容：清扫、搬运、组合、安装、焊接、刷漆。　　计量单位：m^2

定额编号					16005001	16005002
项目名称					板厚（mm）	
					2.5	3
预算基价					249.70	277.10
其中	人工费（元）				91.85	94.77
	材料费（元）				133.66	157.32
	机械费（元）				24.19	25.01
	仪器仪表费（元）				—	—
名　称		代号	单位	单价（元）	数　量	
人工	安装工	1002	工日	145.80	0.630	0.650
材料	电焊条 综合	207290	kg	6.000	0.090	0.100
	角向砂轮片 $\phi100\times16$	208050	片	2.820	0.110	0.110
	二氧化碳气	209122	m^3	2.000	0.380	0.400
	冷轧钢板 $\delta3$ 以内	201039	kg	5.700	20.610	24.730
	防锈漆	209020	kg	17.000	0.580	0.580
	二氧化碳焊丝 $\phi0.8$	207286	m	7.690	0.210	0.220
	其他材料费	2999	元	—	3.100	3.100
机械	交流弧焊机 ≤ 32kV·A	3100	台班	140.710	0.050	0.050
	二氧化碳气体保护焊机≤ 250A	3094	台班	81.620	0.160	0.170
	其他机具费	3999	元	—	4.100	4.100

四、墙板安装

工作内容：搬运、组合、安装、焊接、刷漆。　　　　　　　　　　　　　　计量单位：m^2

定额编号					16006001	16006002	16006003	16006004	16006005
项目名称					平板形			折弯形	
					板厚（mm）				
					1.2	2	2.5	2	2.5
预算基价					235.12	233.90	262.70	316.93	366.13
其中	人工费（元）				113.72	99.14	103.52	94.77	97.69
	材料费（元）				74.48	111.75	135.35	199.15	244.61
	机械费（元）				46.92	23.01	23.83	23.01	23.83
	仪器仪表费（元）				—	—	—	—	—
名称		代号	单位	单价（元）	数量				
人工	安装工	1002	工日	145.80	0.780	0.680	0.710	0.650	0.670
材料	二氧化碳气	209122	m^3	2.000	—	0.380	0.400	0.380	0.400
	二氧化碳焊丝 $\phi0.8$	207286	m	7.690	—	0.230	0.240	0.230	0.240
	焊接式折弯板体 $\delta2.5$	219006	m^2	226.730	—	—	—	—	1.000
	焊接式折弯板体 $\delta2$	219005	m^2	181.390	—	—	—	1.000	—
	氩气	209124	m^3	19.590	0.150	—	—	—	—
	冷轧钢板 $\delta3$ 以内	201039	kg	5.700	9.890	16.490	20.610	—	—
	防锈漆	209020	kg	17.000	0.670	0.670	0.670	0.670	0.670
	电焊条 综合	207290	kg	6.000	0.050	0.060	0.060	0.060	0.060
	角向砂轮片 $\phi100\times16$	208050	片	2.820	0.100	0.100	0.100	0.100	0.100
	其他材料费	2999	元	—	3.200	3.200	3.200	3.200	3.200
机械	二氧化碳气体保护焊机≤250A	3094	台班	81.620	—	0.180	0.190	0.180	0.190
	交流弧焊机≤32kV·A	3100	台班	140.710	0.030	0.030	0.030	0.030	0.030
	氩弧焊机 500A	3103	台班	137.840	0.280	—	—	—	—
	其他机具费	3999	元	—	4.100	4.100	4.100	4.100	4.100

五、天棚板安装

工作内容：搬运、组合、安装、焊接、刷漆。　　　　计量单位：m^2

定额编号					16007001	16007002	16007003	16007004	16007005
项目名称					平板形			折弯形	
					板厚（mm）				
					1.2	2	2.5	2	2.5
预算基价					243.98	242.33	271.13	325.36	376.00
其中	人工费（元）				121.01	106.43	110.81	102.06	106.43
	材料费（元）				74.48	111.87	135.47	199.27	244.72
	机械费（元）				48.49	24.03	24.85	24.03	24.85
	仪器仪表费（元）				—	—	—	—	—
名称		代号	单位	单价（元）	数量				
人工	安装工	1002	工日	145.80	0.830	0.730	0.760	0.700	0.730
材料	二氧化碳气	209122	m^3	2.000	—	0.400	0.420	0.400	0.420
	二氧化碳焊丝 $\phi0.8$	207286	m	7.690	—	0.240	0.250	0.240	0.250
	焊接式折弯板体 $\delta2.5$	219006	m^2	226.730	—	—	—	—	1.000
	焊接式折弯板体 $\delta2$	219005	m^2	181.390	—	—	—	1.000	—
	氩气	209124	m^3	19.590	0.150	—	—	—	—
	冷轧钢板 $\delta3$ 以内	201039	kg	5.700	9.890	16.490	20.610	—	—
	防锈漆	209020	kg	17.000	0.670	0.670	0.670	0.670	0.670
	电焊条 综合	207290	kg	6.000	0.050	0.060	0.060	0.060	0.060
	角向砂轮片 $\phi100\times16$	208050	片	2.820	0.100	0.100	0.100	0.100	0.100
	其他材料费	2999	元	—	3.200	3.200	3.200	3.200	3.200
机械	二氧化碳气体保护焊机≤250A	3094	台班	81.620	—	0.190	0.200	0.190	0.200
	交流弧焊机≤32kV·A	3100	台班	140.710	0.030	0.030	0.030	0.030	0.030
	氩弧焊机 500A	3103	台班	137.840	0.290	—	—	—	—
	其他机具费	3999	元	—	4.300	4.300	4.300	4.300	4.300

第三节　大型焊接式电磁屏蔽主体

一、地梁桩安装

工作内容：清场验收、搬运、定位、划线、下料、钻孔、刷漆、埋螺栓、安装。　　计量单位：m^2

定额编号					16008001	16008002	16008003	16008004
项目名称					复合绝缘式	分体绝缘式	非绝缘式	瓷柱绝缘式
预算基价					122.45	81.47	65.83	171.23
其中	人工费（元）				55.40	48.11	42.28	61.24
	材料费（元）				60.55	26.86	17.05	99.79
	机械费（元）				6.50	6.50	6.50	10.20
	仪器仪表费（元）				—	—	—	—
名称		代号	单位	单价（元）	数量			
人工	安装工	1002	工日	145.80	0.380	0.330	0.290	0.420
材料	硬聚氯乙烯板 δ6	210201	m^2	—	（0.050）	（0.050）	—	—
	镀锌垫圈 8	207029	个	0.120	3.360	3.360	—	—
	膨胀螺栓 ϕ8	207159	套	1.320	3.360	3.360	3.360	—
	户内支柱绝缘子 ZA—6T	213308	个	22.000	—	—	—	3.360
	镀锌带母螺栓 10×20 ~ 35	207124	套	0.280	—	—	—	3.360
	膨胀螺栓 ϕ12	207161	套	1.560	—	—	—	6.720
	普通钢板 δ4.5 ~ 7.0	201031	kg	5.300	1.900	1.900	1.900	1.900
	橡胶板 δ1 ~ 3	208034	kg	11.500	2.930	—	—	—
	防锈漆	209020	kg	17.000	0.020	0.020	0.020	0.020
	环氧玻璃纤维绝缘套 ϕ8	210193	个	2.800	3.360	3.360	—	—
	其他材料费	2999	元	—	2.200	2.200	2.200	3.700
机械	电锤 520W	3095	台班	33.340	0.060	0.060	0.060	0.120
	其他机具费	3999	元	—	4.500	4.500	4.500	6.200

二、地梁安装

工作内容：搬运、定位、划线、下料、组合、安装、焊接、刷漆。　　计量单位：m^2

定额编号					16009001	16009002	16009003
项目名称					主地梁承重（kg/m^2）		副地梁
					≤ 150	≤ 300	
预算基价					86.73	110.61	110.87
其中	人工费（元）				21.87	23.33	34.99
	材料费（元）				56.94	79.30	64.33
	机械费（元）				7.92	7.98	11.55
	仪器仪表费（元）				—	—	—
名称		代号	单位	单价（元）	数量		
人工	安装工	1002	工日	145.80	0.150	0.160	0.240
材料	电焊条 综合	207290	kg	6.000	0.060	0.060	0.100
	槽钢 16 以内	201020	kg	5.050	—	14.867	—
	冷弯槽钢 80 × 40 × 3	201021	kg	8.200	6.450	—	7.190
	防锈漆	209020	kg	17.000	0.070	0.080	0.110
	其他材料费	2999	元	—	2.500	2.500	2.900
机械	液压升降机	3059	台班	33.030	0.013	0.015	0.020
	型材切割机	3108	台班	18.310	0.020	0.020	0.030
	交流弧焊机 ≤ 32kV · A	3100	台班	140.710	0.030	0.030	0.050
	其他机具费	3999	元	—	2.900	2.900	3.300

三、墙立柱安装

工作内容：搬运、定位、划线、下料、安装、焊接、刷漆。　　　　计量单位：m^2

定额编号					16010001	16010002	16010003	16010004
项目名称					柱高（m）			
					≤ 6	≤ 10	≤ 15	≤ 20
预算基价					44.09	86.82	94.39	101.11
其中	人工费（元）				14.58	16.04	17.50	18.95
	材料费（元）				22.02	62.06	65.79	71.06
	机械费（元）				7.49	8.72	11.10	11.10
	仪器仪表费（元）				—	—	—	—
	名　称	代号	单位	单价（元）	数　量			
人工	安装工	1002	工日	145.80	0.100	0.110	0.120	0.130
材料	矩形焊接钢管 250×150×4	201050-11	kg	5.150	—	—	—	12.730
	矩形焊接钢管 220×150×4	201050-10	kg	5.150	—	—	11.740	—
	矩形焊接钢管 200×150×4	201050-9	kg	5.150	—	11.080	—	—
	矩形焊接钢管 100×50×3	201050-7	kg	5.150	3.470	—	—	—
	防锈漆	209020	kg	17.000	0.050	0.100	0.110	0.120
	电焊条 综合	207290	kg	6.000	0.050	0.050	0.060	0.060
	其他材料费	2999	元	—	3.000	3.000	3.100	3.100
机械	电动葫芦（单速）2t	3056	台班	44.190	0.010	0.010	0.020	0.020
	等离子切割机≤ 80A	3119	台班	85.000	—	0.010	0.010	0.010
	电动空气压缩机 ≤ $1m^3$/min	3109	台班	74.800	—	0.010	0.010	0.010
	型材切割机	3108	台班	18.310	0.020	—	—	—
	交流弧焊机 ≤ 32kV·A	3100	台班	140.710	0.030	0.030	0.040	0.040
	液压升降机	3059	台班	33.030	0.020	0.020	0.030	0.030
	其他机具费	3999	元	—	1.800	1.800	2.000	2.000

四、墙围梁安装

工作内容：搬运、定位、划线、下料、安装、焊接、刷漆。　　计量单位：m^2

定额编号					16011001	16011002	16011003	16011004
项目名称					柱高（m）			
					≤ 6	≤ 10	≤ 15	≤ 20
预算基价					25.92	48.74	54.22	56.60
其中	人工费（元）				8.75	10.21	13.12	14.58
	材料费（元）				11.19	31.32	31.94	32.86
	机械费（元）				5.98	7.21	9.16	9.16
	仪器仪表费（元）				—	—	—	—
	名　　称	代号	单位	单价（元）	数　　量			
人工	安装工	1002	工日	145.80	0.060	0.070	0.090	0.100
材料	矩形焊接钢管 250×150×4	201050-11	kg	5.150	—	—	—	5.820
	矩形焊接钢管 220×150×4	201050-10	kg	5.150	—	—	5.640	—
	矩形焊接钢管 200×150×4	201050-9	kg	5.150	—	5.540	—	—
	矩形焊接钢管 100×50×3	201050-7	kg	5.150	1.730	—	—	—
	防锈漆	209020	kg	17.000	0.020	0.050	0.050	0.050
	电焊条 综合	207290	kg	6.000	0.040	0.040	0.040	0.040
	其他材料费	2999	元	—	1.700	1.700	1.800	1.800
机械	电动葫芦（单速）2t	3056	台班	44.190	0.010	0.010	0.020	0.020
	等离子切割机≤ 80A	3119	台班	85.000	—	0.010	0.010	0.010
	电动空气压缩机 ≤ $1m^3/min$	3109	台班	74.800	—	0.010	0.010	0.010
	型材切割机	3108	台班	18.310	0.020	—	—	—
	交流弧焊机 ≤ 32kV·A	3100	台班	140.710	0.020	0.020	0.030	0.030
	液压升降机	3059	台班	33.030	0.020	0.020	0.020	0.020
	其他机具费	3999	元	—	1.700	1.700	1.800	1.800

五、棚横梁吊杆安装

工作内容：搬运、定位、划线、钻孔、制作、安装、焊接、刷漆。 计量单位：m^2

定额编号					16012001	16012002
项目名称					非绝缘式	绝缘式
预算基价					34.42	35.92
其中	人工费（元）				21.87	21.87
	材料费（元）				5.87	7.37
	机械费（元）				6.68	6.68
	仪器仪表费（元）				—	—
名称		代号	单位	单价（元）	数量	
人工	安装工	1002	工日	145.80	0.150	0.150
材料	硬聚氯乙烯板 δ6	210201	m^2	—	—	（0.010）
	电焊条 综合	207290	kg	6.000	0.040	0.040
	环氧玻璃纤维绝缘套 φ12	210194	个	3.000	—	0.275
	防锈漆	209020	kg	17.000	0.010	0.010
	圆钢 φ10 以外	201015	kg	5.200	0.150	0.280
	角钢 63 以外	201017	kg	4.950	0.190	0.190
	膨胀螺栓 φ12	207161	套	1.560	0.280	0.280
	其他材料费	2999	元	—	3.300	3.300
机械	电锤 520W	3095	台班	33.340	0.020	0.020
	交流弧焊机 ≤ 32kV·A	3100	台班	140.710	0.020	0.020
	其他机具费	3999	元	—	3.200	3.200

六、天棚横梁安装

工作内容：搬运、定位、划线、下料、安装、焊接、刷漆。　　计量单位：m^2

定额编号					16013001	16013002	16013003	16013004
项目名称					柱高（m）			
					≤ 6	≤ 10	≤ 15	≤ 20
预算基价					51.68	96.05	102.53	111.16
其中	人工费（元）				21.87	24.79	27.70	30.62
	材料费（元）				21.99	62.20	65.77	71.04
	机械费（元）				7.82	9.06	9.06	9.50
	仪器仪表费（元）				—	—	—	—
名　称		代号	单位	单价（元）	数　量			
人工	安装工	1002	工日	145.80	0.150	0.170	0.190	0.210
材料	矩形焊接钢管 250 × 150 × 4	201050-11	kg	5.150	—	—	—	12.730
	矩形焊接钢管 200 × 150 × 4	201050-9	kg	5.150	—	11.080	—	—
	矩形焊接钢管 220 × 150 × 4	201050-10	kg	5.150	—	—	11.740	—
	矩形焊接钢管 100 × 50 × 3	201050-7	kg	5.150	3.470	—	—	—
	防锈漆	209020	kg	17.000	0.040	0.100	0.110	0.120
	电焊条 综合	207290	kg	6.000	0.040	0.040	0.040	0.040
	其他材料费	2999	元	—	3.200	3.200	3.200	3.200
机械	电动葫芦（单速）2t	3056	台班	44.190	0.020	0.020	0.020	0.030
	等离子切割机≤ 80A	3119	台班	85.000	—	0.010	0.010	0.010
	电动空气压缩机 ≤ $1m^3/min$	3109	台班	74.800	—	0.010	0.010	0.010
	型材切割机	3108	台班	18.310	0.020	—	—	—
	交流弧焊机 ≤ 32kV · A	3100	台班	140.710	0.020	0.020	0.020	0.020
	液压升降机	3059	台班	33.030	0.020	0.020	0.020	0.020
	其他机具费	3999	元	—	3.100	3.100	3.100	3.100

七、墙及天棚固定梁安装

工作内容：搬运、定位、划线、下料、安装、焊接、刷漆。 计量单位：m^2

定额编号					16014001	16014002	16014003	16014004
项目名称					墙固定梁		天棚固定梁	
					平板形	折弯形	平板形	折弯形
预算基价					105.35	67.50	112.91	75.07
其中	人工费（元）				42.28	33.53	48.11	39.37
	材料费（元）				52.95	26.61	53.17	26.83
	机械费（元）				10.12	7.36	11.63	8.87
	仪器仪表费（元）				—	—	—	—
名称		代号	单位	单价（元）	数量			
人工	安装工	1002	工日	145.80	0.290	0.230	0.330	0.270
材料	电焊条 综合	207290	kg	6.000	0.090	0.070	0.110	0.090
	防锈漆	209020	kg	17.000	0.130	0.060	0.130	0.060
	矩形焊接钢管 50×30×3	201050	kg	5.150	9.340	4.480	9.340	4.480
	其他材料费	2999	元	—	2.100	2.100	2.200	2.200
机械	液压升降机	3059	台班	33.030	0.020	0.010	0.020	0.010
	电动葫芦（单速）2t	3056	台班	44.190	0.020	0.010	0.020	0.010
	交流弧焊机 ≤32kV·A	3100	台班	140.710	0.040	0.030	0.050	0.040
	型材切割机	3108	台班	18.310	0.030	0.020	0.030	0.020
	其他机具费	3999	元	—	2.400	2.000	2.500	2.100

八、底板安装

工作内容：清扫、搬运、定位、划线、下料、安装、焊接、刷漆。 计量单位：m^2

定额编号					16015001	16015002
项目名称					板厚（mm）	
					2.5	3
预算基价					261.22	288.60
其中	人工费（元）				97.69	100.60
	材料费（元）				132.54	156.20
	机械费（元）				30.99	31.80
	仪器仪表费（元）				—	—
名称		代号	单位	单价（元）	数量	
人工	安装工	1002	工日	145.80	0.670	0.690
材料	二氧化碳焊丝 ϕ0.8	207286	m	7.690	0.210	0.220
	二氧化碳气	209122	m^3	2.000	0.380	0.400
	电焊条 综合	207290	kg	6.000	0.090	0.100
	冷轧钢板 δ3 以内	201039	kg	5.700	20.610	24.730
	防锈漆	209020	kg	17.000	0.550	0.550
	其他材料费	2999	元	—	2.800	2.800
机械	电动空气压缩机 ≤ $1m^3$/min	3109	台班	74.800	0.030	0.030
	液压升降机	3059	台班	33.030	0.030	0.030
	等离子切割机≤ 80A	3119	台班	85.000	0.030	0.030
	二氧化碳气体保护焊机≤ 250A	3094	台班	81.620	0.160	0.170
	交流弧焊机 ≤ 32kV · A	3100	台班	140.710	0.060	0.060
	其他机具费	3999	元	—	3.700	3.700

九、墙板安装

工作内容：搬运、定位、划线、下料、安装、焊接、刷漆。　　　　计量单位：m^2

定额编号					16016001	16016002	16016003	16016004
项目名称					平板形		折弯形	
					板厚（mm）			
					2	2.5	2	2.5
预算基价					235.96	263.29	316.69	365.88
其中	人工费（元）				100.60	103.52	96.23	99.14
	材料费（元）				108.73	132.33	196.13	241.59
	机械费（元）				26.63	27.44	24.33	25.15
	仪器仪表费（元）				—	—	—	—
名称		代号	单位	单价（元）	数量			
人工	安装工	1002	工日	145.80	0.690	0.710	0.660	0.680
材料	二氧化碳气	209122	m^3	2.000	0.380	0.400	0.380	0.400
	焊接式折弯板体 δ2	219005	m^2	181.390	—	—	1.000	—
	焊接式折弯板体 δ2.5	219006	m^2	226.730	—	—	—	1.000
	电焊条 综合	207290	kg	6.000	0.060	0.060	0.060	0.060
	防锈漆	209020	kg	17.000	0.550	0.550	0.550	0.550
	冷轧钢板 δ3 以内	201039	kg	5.700	16.490	20.610	—	—
	二氧化碳焊丝 φ0.8	207286	m	7.690	0.230	0.240	0.230	0.240
	其他材料费	2999	元	—	2.500	2.500	2.500	2.500
机械	电动空气压缩机 ≤ $1m^3/min$	3109	台班	74.800	0.010	0.010	—	—
	液压升降机	3059	台班	33.030	0.030	0.030	0.030	0.030
	电动葫芦（单速）2t	3056	台班	44.190	0.030	0.030	0.030	0.030
	二氧化碳气体保护焊机≤ 250A	3094	台班	81.620	0.180	0.190	0.180	0.190
	交流弧焊机 ≤ 32kV·A	3100	台班	140.710	0.030	0.030	0.030	0.030
	等离子切割机≤ 80A	3119	台班	85.000	0.010	0.010	—	—
	其他机具费	3999	元	—	3.800	3.800	3.100	3.100

十、天棚板安装

工作内容：搬运、定位、划线、下料、组合、安装、焊接、刷漆。　　　　计量单位：m^2

定额编号					16017001	16017002	16017003	16017004
项目名称					平板形		折弯形	
					板厚（mm）			
					2	2.5	2	2.5
预算基价					244.13	272.88	324.10	374.70
其中	人工费（元）				106.43	110.81	100.60	104.98
	材料费（元）				109.71	133.27	197.11	242.52
	机械费（元）				27.99	28.80	26.39	27.20
	仪器仪表费（元）				—	—	—	—
名称		代号	单位	单价（元）	数量			
人工	安装工	1002	工日	145.80	0.730	0.760	0.690	0.720
材料	二氧化碳气	209122	m^3	2.000	0.400	0.400	0.400	0.400
	焊接式折弯板体 δ2	219005	m^2	181.390	—	—	1.000	—
	焊接式折弯板体 δ2.5	219006	m^2	226.730	—	—	—	1.000
	电焊条 综合	207290	kg	6.000	0.070	0.070	0.070	0.070
	防锈漆	209020	kg	17.000	0.550	0.550	0.550	0.550
	冷轧钢板 δ3 以内	201039	kg	5.700	16.490	20.610	—	—
	二氧化碳焊丝 ϕ0.8	207286	m	7.690	0.240	0.250	0.240	0.250
	其他材料费	2999	元	—	3.300	3.300	3.300	3.300
机械	电动空气压缩机 ≤ $1m^3$/min	3109	台班	74.800	0.010	0.010	—	—
	液压升降机	3059	台班	33.030	0.030	0.030	0.030	0.030
	电动葫芦（单速）2t	3056	台班	44.190	0.040	0.040	0.040	0.040
	二氧化碳气体保护焊机≤ 250A	3094	台班	81.620	0.190	0.200	0.190	0.200
	交流弧焊机 ≤ 32kV · A	3100	台班	140.710	0.030	0.030	0.030	0.030
	等离子切割机≤ 80A	3119	台班	85.000	0.010	0.010	—	—
	其他机具费	3999	元	—	3.900	3.900	3.900	3.900

第三章
其他类型电磁屏蔽主体安装工程

说明及工程量计算规则

说　　明

1. 本章主要内容包括：直贴式、核磁共振和电力高压试验电磁屏蔽主体以及绝缘垫层、龙骨、吊顶构件和室内梁、柱屏蔽包装等安装。

2. 直贴式电磁屏蔽主体对围护结构体内的六面体表面以及梁、柱等采用镀锌钢板作电磁密封屏蔽。一般性装饰可按本册定额第六章相应子目执行。

3. 直贴式电磁屏蔽主体底部不设垫层，墙面使用轻钢龙骨，亦可用另类材质替代，但材料单价应作相应换算和调整，人工、机械费不变。

4. 直贴式电磁屏蔽主体天棚吊杆按吊顶重量、高度和吊杆常规间距确定人工、材料的消耗；若设计对材质另有规定要求或取另类材料替代时，其材料单价可以换算调整，人工、机械费不变。

5. 核磁共振电磁屏蔽主体的底板，仅是指底部屏蔽的壳体，不能视为室内地面工程。其室内地坪装饰应按设计要求执行本套定额第五册《洁净厂房、数据中心及电子环境工程》中围护结构相应子目。

6. 电力高压试验电磁屏蔽主体安装时以钢架结构为依托，本定额中墙面、天棚面均未计横梁安装所发生的人工、材料及机械费用，若需增设梁、立柱时，人工、材料、机械费另计。

7. 电磁屏蔽主体的施工安装，不包括围护结构体表面的平整和防水处理工作内容。

8. 天棚板和吊顶龙骨在计算工程量时，不得扣除检查口、柱、波导窗、管道、嵌顶灯槽和与天棚相邻的窗帘盒所占面积。

工程量计算规则

1. 直贴式电磁屏蔽主体轻钢龙骨按墙面图示尺寸以“m^2”计算。

2. 直贴式电磁屏蔽主体天棚龙骨按天棚承重的相应子目及图示尺寸以“m^2”计算。

3. 直贴式电磁屏蔽主体室内梁、柱的屏蔽处理，按镀锌钢板包板的展开面积以“m^2”计算。

4. 直贴式和核磁共振电磁屏蔽主体圆钢或矩形钢管天棚吊杆，按相应高度、荷重及吊顶图示尺寸以“m^2”计算。

5. 直贴式和核磁共振电磁屏蔽主体底板、墙板和天棚板均按各板体的图示尺寸以“m^2”计算。

6. 核磁共振电磁屏蔽主体底面绝缘按图示尺寸以“m^2”计算。

7. 核磁共振电磁屏蔽主体墙面龙骨和天棚吊顶龙骨按墙面和天棚面的图示尺寸以“m^2”计算。

8. 电力高压试验电磁屏蔽主体的底板、墙板和天棚板均按各板体的图示尺寸以“m^2”计算。

第一节　直贴式电磁屏蔽主体

一、龙 骨 安 装

工作内容：搬运、定位、划线、下料、钻孔、埋胀管、安装。　　计量单位：m^2

定额编号					17001001	17001002	17001003
项目名称					轻钢墙龙骨	天棚龙骨承重（kg/m^2）	
						≤ 40	≤ 80
预算基价					39.32	44.42	96.19
其中	人工费（元）				30.62	34.99	42.28
	材料费（元）				4.17	2.97	44.07
	机械费（元）				4.53	6.46	9.84
	仪器仪表费（元）				—	—	—
	名　称	代号	单位	单价（元）	数　量		
人工	安装工	1002	工日	145.80	0.210	0.240	0.290
材料	U 型轻钢主龙骨	206125	m	—	—	（2.080）	（2.080）
	轻钢龙骨 38×12（C75-3）	206112	m	—	（1.050）	—	—
	轻钢龙骨 75×50（C75-2）	206110	m	—	（2.140）	—	—
	轻钢龙骨 77×40（C75-1）	206111	m	—	（0.700）	—	—
	砂轮切割片 ϕ350	208051	片	6.840	0.060	0.040	0.060
	木螺丝	207258	100 个	14.500	0.014	—	—
	矩形焊接钢管 50×30×3	201050-3	kg	5.150	—	—	3.300
	矩形焊接钢管 80×40×3	201050-4	kg	5.150	—	—	4.530
	电焊条 综合	207290	kg	6.000	—	0.050	0.090
	轻钢龙骨支撑卡	206247	个	0.420	2.140	—	—
	塑料膨胀管≤ ϕ10	210142	只	0.800	0.140	—	—
	抽芯铆钉 ϕ4×13	207266	100 个	5.000	0.030	—	—
	其他材料费	2999	元	—	2.400	2.400	2.800
机械	交流弧焊机≤ 32kV · A	3100	台班	140.710	—	0.020	0.040
	电锤 520W	3095	台班	33.340	0.020	—	—
	型材切割机	3108	台班	18.310	0.020	0.030	0.050
	其他机具费	3999	元	—	3.500	3.100	3.300

二、天棚圆钢吊杆（承重≤ 40kg/m²）安装

工作内容：搬运、定位、划线、下料、钻孔、埋螺栓、制作、安装。 计量单位：m²

定额编号					17002001	17002002	17002003	17002004
项目名称					吊杆高度（m）			
					≤ 0.2	≤ 0.6	≤ 1	≤ 1.5
预算基价					53.54	56.40	59.26	62.49
其中	人工费（元）				33.53	34.99	36.45	37.91
	材料费（元）				12.02	13.42	14.82	16.59
	机械费（元）				7.99	7.99	7.99	7.99
	仪器仪表费（元）				—	—	—	—
名称		代号	单位	单价（元）	数量			
人工	安装工	1002	工日	145.80	0.230	0.240	0.250	0.260
材料	镀锌垫圈 10	207030	个	0.120	1.090	1.090	1.090	1.090
	膨胀螺栓 ϕ8	207159	套	1.320	1.090	1.090	1.090	1.090
	电焊条 综合	207290	kg	6.000	0.050	0.050	0.050	0.050
	镀锌六角螺母 10	207068	个	0.120	0.510	0.510	0.510	0.510
	圆钢 ϕ10 以内	201014	kg	5.200	0.170	0.440	0.710	1.050
	角钢 63 以外	201017	kg	4.950	0.810	0.810	0.810	0.810
	黄铜网 100 目	207241	m²	46.150	0.050	0.050	0.050	0.050
	冷轧钢板 δ3 以内	201039	kg	5.700	0.050	0.050	0.050	0.050
	其他材料费	2999	元	—	2.600	2.600	2.600	2.600
机械	电锤 520W	3095	台班	33.340	0.020	0.020	0.020	0.020
	交流弧焊机 ≤ 32kV·A	3100	台班	140.710	0.030	0.030	0.030	0.030
	其他机具费	3999	元	—	3.100	3.100	3.100	3.100

三、天棚矩形钢管吊杆（承重≤ 80kg/m²）安装

工作内容：搬运、定位、划线、下料、钻孔、埋螺栓、制作、安装。　　计量单位：m²

定额编号					17003001	17003002	17003003	17003004
项目名称					吊杆高度（m）			
					≤ 0.2	≤ 0.6	≤ 1	≤ 1.5
预算基价					73.07	79.68	86.29	94.22
其中	人工费（元）				51.03	52.49	53.95	55.40
	材料费（元）				13.72	18.87	24.02	30.50
	机械费（元）				8.32	8.32	8.32	8.32
	仪器仪表费（元）				—	—	—	—
名　　称		代号	单位	单价（元）	数　　量			
人工	安装工	1002	工日	145.80	0.350	0.360	0.370	0.380
材料	镀锌垫圈 8	2070292	个	0.120	0.220	0.220	0.220	0.220
	镀锌六角螺母 8	07067	个	0.054	0.660	0.660	0.660	0.660
	镀锌垫圈 10	207030	个	0.120	0.220	0.220	0.220	0.220
	砂轮切割片 ϕ350	208051	片	6.840	0.060	0.060	0.060	0.060
	电焊条 综合	207290	kg	6.000	0.050	0.050	0.050	0.050
	矩形焊接钢管 50 × 30 × 2	201050	kg	5.150	0.500	1.500	2.500	3.760
	角钢 63 以外	201017	kg	4.950	0.810	0.810	0.810	0.810
	黄铜网 100 目	207241	m²	46.150	0.050	0.050	0.050	0.050
	镀锌螺栓 M8 × 65	207049	个	0.300	0.220	0.220	0.220	0.220
	膨胀螺栓 ϕ10	207160	套	1.430	1.090	1.090	1.090	1.090
	其他材料费	2999	元	—	2.400	2.400	2.400	2.400
机械	电锤 520W	3095	台班	33.340	0.030	0.030	0.030	0.030
	交流弧焊机 ≤ 32kV · A	3100	台班	140.710	0.030	0.030	0.030	0.030
	其他机具费	3999	元	—	3.100	3.100	3.100	3.100

四、板 体 安 装

工作内容：清场验收、搬运、下料、折弯、定位、划线、安装。 计量单位：m^2

定额编号					17004001	17004002	17004003
项目名称					底板	墙板	天棚板
预算基价					117.03	125.19	138.97
其中	人工费（元）				90.40	97.69	112.27
	材料费（元）				23.13	23.90	23.00
	机械费（元）				3.50	3.60	3.70
	仪器仪表费（元）				—	—	—
名称		代号	单位	单价（元）	数量		
人工	安装工	1002	工日	145.80	0.620	0.670	0.770
材料	镀锌钢板	201048	m^2	—	（1.080）	（1.082）	（1.082）
	焊锡膏 50g/ 瓶	207292	kg	72.730	0.010	0.010	0.010
	抽芯铆钉 $\phi 4 \times 13$	207266	100 个	5.000	0.250	0.250	—
	棉纱头	218101	kg	5.830	0.090	0.090	0.090
	镀锡铜箔带 0.06×33	207602	m	4.340	1.050	1.050	0.950
	焊锡	207294	kg	67.720	0.190	0.200	0.210
	其他材料费	2999	元	—	3.200	3.300	3.400
机械	其他机具费	3999	元	—	3.500	3.600	3.700

五、包梁、包柱

工作内容：面层清理、搬运、定位、划线、下料、钻孔、埋螺栓、安装、焊接。　　计量单位：m^2

定额编号					17005001	17005002
项目名称					矩形钢管龙骨	镀锌钢板面层包板
预算基价					140.51	146.21
其中	人工费（元）				69.98	109.35
	材料费（元）				60.15	33.06
	机械费（元）				10.38	3.80
	仪器仪表费（元）				—	—
名称		代号	单位	单价（元）	数量	
人工	安装工	1002	工日	145.80	0.480	0.750
材料	镀锌钢板	201048	m^2	—	—	（1.082）
	焊锡膏 50g/ 瓶	07292	kg	72.730	—	0.010
	焊锡	207294	kg	67.720	—	0.250
	镀锡铜箔带 0.06×33	207602	m	4.340	—	2.070
	棉纱头	218101	kg	5.830	—	0.090
	铁砂布 0# ~ 2#	218024	张	0.970	—	0.250
	抽芯铆钉 ϕ4×13	207266	100 个	5.000	—	0.470
	膨胀螺栓 ϕ8	207159	套	1.320	7.000	—
	冷轧钢板 δ3 以内	201039	kg	5.700	1.090	—
	矩形焊接钢管 50×30×2	201050	kg	5.150	8.020	—
	电焊条 综合	207290	kg	6.000	0.030	—
	砂轮切割片 ϕ350	208051	片	6.840	0.060	—
	其他材料费	2999	元	—	2.800	3.300
机械	电锤 520W	3095	台班	33.340	0.120	—
	型材切割机	3108	台班	18.310	0.020	—
	交流弧焊机 ≤32kV·A	3100	台班	140.710	0.020	—
	其他机具费	3999	元	—	3.200	3.800

第二节　核磁共振电磁屏蔽主体

一、底面绝缘及板体安装

工作内容：清理现场、搬运、定位、划线、下料、安装、焊接、刷涂料。　　　　计量单位：m^2

定额编号					17006001	17006002	17006003	17006004
项目名称					底面绝缘	底板	墙板	天棚板
预算基价					94.68	471.97	479.17	485.80
其中	人工费（元）				16.04	81.65	87.48	93.31
	材料费（元）				77.34	386.32	387.49	387.89
	机械费（元）				1.30	4.00	4.20	4.60
	仪器仪表费（元）				—	—	—	—
名称		代号	单位	单价（元）	数量			
人工	安装工	1002	工日	145.80	0.110	0.560	0.600	0.640
材料	氧气	209121	m^3	5.890	—	0.030	0.030	0.030
	铜银合金焊条 $\phi2$	207285	根	2.000	—	5.150	5.250	5.350
	乙炔气	209120	m^3	15.000	—	0.060	0.060	0.060
	不锈钢自攻螺钉 25	207189	个	0.120	—	—	6.417	6.417
	棉纱头	218101	kg	5.830	—	0.050	0.050	0.050
	铜板 $\delta0.5$	201179	kg	75.000	—	4.950	4.950	4.950
	橡胶板 $\delta1\sim3$	208034	kg	11.500	3.360	—	—	—
	三合板 2440×1220×3	203065	张	51.500	0.390	—	—	—
	防火涂料	209137	kg	14.24	1.150	—	—	—
	封箱胶带 W45mm×18m	209432	卷	6.500	0.160	—	—	—
	其他材料费	2999	元	—	1.200	3.400	3.600	3.800
机械	其他机具费	3999	元	—	1.300	4.000	4.200	4.600

二、龙骨安装

工作内容：搬运、定位、划线、下料、钻孔、埋胀管、埋螺栓、绝缘处理、安装、刷涂料。

计量单位：m^2

定额编号					17007001	17007002
项目名称					墙面龙骨	天棚龙骨
预算基价					98.95	142.47
其中	人工费（元）				56.86	94.77
	材料费（元）				35.26	41.10
	机械费（元）				6.83	6.60
	仪器仪表费（元）				—	—
	名称	代号	单位	单价（元）	数量	
人工	安装工	1002	工日	145.80	0.390	0.650
材料	硬聚氯乙烯板 δ6	210201	m^2	—	—	（0.010）
	圆钢 ϕ10 以内	201014	kg	5.200	—	0.170
	黄铜板 δ3 以内	201121	kg	52.000	—	0.110
	镀锌六角螺母 8	207067	个	0.054	—	3.210
	冷轧钢板 δ3 以内	201039	kg	5.700	—	0.430
	膨胀螺栓 ϕ8	207159	套	1.320	—	1.600
	自攻螺钉 M3.5×25	207408	100 个	5.200	—	0.064
	环氧玻璃纤维绝缘套 ϕ8	210193	个	2.800	—	1.600
	防火涂料	209137	kg	14.24	0.820	0.680
	塑料膨胀管≤ ϕ10	210142	只	0.800	3.850	—
	板方材	203001	m^3	1944.000	0.006	0.005
	硬聚氯乙烯板 δ10	210199	m^2	146.250	0.020	—
	镀锌垫圈 5	207489	个	0.040	3.850	—
	镀锌垫圈 8	207029	个	0.120	3.850	3.210
	不锈钢木螺丝 40	207259	个	0.300	3.900	—
	不锈钢自攻螺钉 25	207189	个	0.120	7.700	11.290
	其他材料费	2999	元	—	3.200	3.800
机械	电锤 520W	3095	台班	33.340	0.070	0.030
	其他机具费	3999	元	—	4.500	5.600

第三节　电力高压试验电磁屏蔽主体

工作内容：清理现场、搬运、定位、划线、下料、组合、安装、焊接。　　计量单位：m^2

定额编号					17008001	17008002	17008003
项目名称					底板	墙板	天棚板
预算基价					88.22	393.17	397.09
其中	人工费（元）				61.24	77.27	80.19
	材料费（元）				6.29	304.30	304.90
	机械费（元）				20.69	11.60	12.00
	仪器仪表费（元）				—	—	—
名称		代号	单位	单价（元）	数量		
人工	安装工	1002	工日	145.80	0.420	0.530	0.550
材料	镀锌钢板	201048	m^2	—	(1.103)	—	—
	角钢∠ 20×3	201004	kg	4.950	—	1.210	1.210
	镀锌喷漆钢质压板	219009	m	25.120	—	1.243	1.243
	不等边角钢固定梁（制作件）	219008	m	49.290	—	1.243	1.243
	吸声纤维板 δ25	218145	m^2	42.000	—	1.050	1.050
	棉纱头	218101	kg	5.830	—	0.020	0.020
	镀锌螺栓 M10×20	207050	个	0.220	—	15.624	15.624
	黄铜网 100 目	207241	m^2	46.150	—	0.189	0.189
	二氧化碳焊丝 φ0.8	207286	m	7.690	0.220	—	—
	角钢∠ 40×3 ~ 4	201005	kg	4.950	0.162	—	—
	电焊条 综合	207290	kg	6.000	0.040	0.040	0.040
	喷塑网孔钢质板体 δ1.2	219007	m^2	145.400	—	1.000	1.000
	二氧化碳气	209122	m^3	2.000	0.380	—	—
	其他材料费	2999	元	—	2.800	3.800	4.400
机械	电动空气压缩机 ≤ $1m^3/min$	3109	台班	74.800	—	0.010	0.010
	型材切割机	3108	台班	18.310	—	0.020	0.020
	卷扬机 3t	3045	台班	82.440	—	0.030	0.030
	二氧化碳气体保护焊机≤ 250A	3094	台班	81.620	0.170	—	—
	交流弧焊机 ≤ 32kV·A	3100	台班	140.710	0.020	0.020	0.020
	其他机具费	3999	元	—	4.000	5.200	5.600

第四章
电磁屏蔽门、窗安装工程

说明及工程量计算规则

说　　明

1. 本章主要内容包括：装配式电磁屏蔽室门、焊接式电磁屏蔽室门、直贴式电磁屏蔽室门、核磁共振电磁屏蔽室门及观察窗、全自动电磁屏蔽平开门、气囊门、插刀式吊挂平开门、插刀式推拉门、插刀式吊挂滑动推拉门和电磁屏蔽窗，以及与门配套的门坎翻板、升降平台、传动、锁紧、控制等装置的安装。

2. 门及附属门坎翻板、升降平台、传动、锁紧以及控制装置为散件装箱，均需在现场拼装组合及安装。

3. 核磁共振电磁屏蔽室观察窗在定额中已包括玻璃安装，不得另套窗玻璃安装的其他定额子目。

4. 核磁共振电磁屏蔽室门、观察窗和电磁屏蔽窗的转接框、黄铜框和过渡木框安装，均已包括在屏蔽门、窗安装的定额子目中。

5. 门坎翻板和液压升降平台应随门坎的宽度及室内外地坪落差等场地条件和运行要求配套与组合。

6. 插刀式吊挂滑动推拉门的行车是指门滑动及推拉传动的机械装置。

7. 插刀式推拉门及插刀式吊挂滑动推拉门的联动控制装置是为门平移、平台升降或翻板运作、门扇锁紧等设置的控制装置。

工程量计算规则

1. 装配式电磁屏蔽室门按门扇外围尺寸和锁紧方式以“套”计算。

2. 焊接式电磁屏蔽室门以“套”计算。

3. 直贴式电磁屏蔽室门按门扇外围尺寸和组合形式以“套”计算。

4. 核磁共振电磁屏蔽室门和观察窗均以“套”计算。

5. 全自动电磁屏蔽平开门按门扇外围尺寸以“套”计算。

6. 气囊门的框扇按对应门扇面积子目及图示尺寸以“m^2”计算；电动推拉传动装置和推拉、翻板、充放气联动控制装置按对应门扇面积以“套”计算；门坎翻板按对应门坎宽度以“套”计算。

7. 插刀式吊挂平开门的框扇按图示尺寸及门的屏蔽方式以“m^2”计算；弧形吊挂导轨按门宽相应子目以“套”计算。

8. 插刀式推拉门的框扇按图示尺寸和门的屏蔽方式以“m^2”计算；锁紧装置以“套”计算；电动推拉、门坎翻板和联动控制装置以“套”计算。

9. 插刀式吊挂滑动推拉门的框扇按图示尺寸和门的屏蔽方式以“m^2”计算；锁紧装置以“套”计算；门坎液压升降和摆杆升降平台按门坎宽度相应子目以“套”计算；行车按推拉行程相应子目以“套”计算；联动控制装置以“套”计算。

10. 电磁屏蔽窗按图示尺寸和启闭形式以“m^2”计算。

第一节　装配式电磁屏蔽室门

工作内容：搬运、拼缝处理、安装、清洁处理。　　　　计量单位：套

					18001001	18001002
定额编号					18001001	18001002
项目名称					手动门	电动门
预算基价					402.56	460.88
其中	人工费（元）				364.50	422.82
	材料费（元）				28.56	28.56
	机械费（元）				9.50	9.50
	仪器仪表费（元）				—	—
名称		代号	单位	单价（元）	数量	
人工	安装工	1002	工日	145.80	2.500	2.900
材料	装配式手动平开门	219011	套	—	—	（1.000）
	装配式手动平开门	219010	套	—	（1.000）	—
	清洁喷雾剂 80ml/ 支	218042	支	7.000	1.000	1.000
	棉纱头	218101	kg	5.830	0.040	0.040
	酒精	209048	kg	35.000	0.250	0.250
	铁砂布 0# ~ 2#	218024	张	0.970	2.000	2.000
	脱脂纱布 25g/ 卷	218081	卷	2.000	3.000	3.000
	角向砂轮片 $\phi100\times16$	208050	片	2.820	0.050	0.050
	其他材料费	2999	元	—	4.500	4.500
机械	其他机具费	3999	元	—	9.500	9.500

第二节 焊接式电磁屏蔽室门

工作内容：搬运、安装、焊接、刷漆、清洁处理。 计量单位：套

定额编号					18002001	18002002	18002003	18002004
项目名称					门扇 高（m）× 宽（m）			
					1.8 × 0.75	2.0 × 0.85	2.0 × 1.0	2.0 × 1.2
预算基价					544.33	558.91	613.37	682.01
其中	人工费（元）				437.40	451.98	495.72	554.04
	材料费（元）				38.17	38.17	40.18	41.79
	机械费（元）				68.76	68.76	77.47	86.18
	仪器仪表费（元）				—	—	—	—
	名称	代号	单位	单价（元）	数量			
人工	安装工	1002	工日	145.80	3.000	3.100	3.400	3.800
材料	焊接式电动平开门 2.0m × 1.2m	219015	套	—	—	—	—	（1.000）
	焊接式电动平开门 2.0m × 1.0m	219014	套	—	—	—	（1.000）	—
	焊接式电动平开门 2.0m × 0.85m	219013	套	—	—	（1.000）	—	—
	装配式手动平开门	219012	套	—	（1.000）	—	—	—
	酒精	209048	kg	35.000	0.250	0.250	0.250	0.250
	棉纱头	218101	kg	5.830	0.200	0.200	0.200	0.200
	二氧化碳气	209122	m^3	2.000	1.200	1.200	1.300	1.400
	清洁喷雾剂 80ml/ 支	218042	支	7.000	1.000	1.000	1.000	1.000
	电焊条 综合	207290	kg	6.000	0.300	0.300	0.360	0.400
	二氧化碳焊丝 ϕ0.8	207286	m	7.690	0.700	0.700	0.800	0.900
	脱脂纱布 25g/ 卷	218081	卷	2.000	3.000	3.000	3.000	3.000
	铁砂布 $0^{\#}$ ~ $2^{\#}$	218024	张	0.970	2.000	2.000	2.000	2.000
	角向砂轮片 ϕ100 × 16	208050	片	2.820	0.400	0.400	0.500	0.500
	其他材料费	2999	元	—	2.600	2.600	3.000	3.400
机械	交流弧焊机 ≤ 32kV · A	3100	台班	140.710	0.120	0.120	0.140	0.160
	二氧化碳气体保护焊机≤ 250A	3094	台班	81.620	0.540	0.540	0.600	0.660
	其他机具费	3999	元	—	7.800	7.800	8.800	9.800

第三节　直贴式电磁屏蔽室门

工作内容：搬运、定位、划线、钻孔、埋螺栓，转接框架制作、安装，清洁处理。　　计量单位：套

					18003001	18003002
定额编号					18003001	18003002
项目名称					单开门	双开门
预算基价					2323.44	2538.36
其中	人工费（元）				1239.30	1341.36
	材料费（元）				1015.61	1123.65
	机械费（元）				68.53	73.35
	仪器仪表费（元）				—	—
名称		代号	单位	单价（元）	数量	
人工	安装工	1002	工日	145.80	8.500	9.200
材料	直贴式电磁屏蔽室双开门 1.40×2.0	219017	套	—	—	（1.000）
	直贴式电磁屏蔽室单开门 0.85×2.0	219016	套	—	（1.000）	—
	膨胀螺栓 ϕ12	207161	套	1.560	8.000	8.000
	电焊条 综合	207290	kg	6.000	0.600	0.660
	焊锡膏 50g/瓶	207292	kg	72.730	0.140	0.220
	脱脂纱布 25g/卷	218081	卷	2.000	3.000	3.000
	酒精	209048	kg	35.000	0.500	0.500
	棉纱头	218101	kg	5.830	0.400	0.400
	冷轧钢板 δ3 以内	201039	kg	5.700	1.780	1.780
	矩形焊接钢管 80×80×5	201050	kg	5.150	140.790	154.020
	铜单眼压板 60×25×5	219119	块	5.600	20.000	22.000
	焊锡	207294	kg	67.720	1.200	1.450
	镀锌带母螺栓 8×85 ~ 100	207122	套	0.410	20.000	22.000
	镀锡铜箔带 0.06×33	207602	m	4.340	5.700	6.800
	其他材料费	2999	元	—	2.100	2.100
机械	电锤 520W	3095	台班	33.340	0.220	0.220
	型材切割机	3108	台班	18.310	0.150	0.150
	交流弧焊机 ≤ 32kV·A	3100	台班	140.710	0.350	0.380
	其他机具费	3999	元	—	9.200	9.800

第四节　核磁共振电磁屏蔽室门、观察窗

工作内容：搬运、下料，转接框架、窗框制作、焊接、安装，刷涂料、清洁处理。　　　计量单位：套

定额编号					18004001	18004002
项目名称					门	观察窗
					高（m）×宽（m）	
					2.1×1.45	0.9×1.5
预算基价					2366.86	3519.02
其中	人工费（元）				1297.62	1837.08
	材料费（元）				1059.44	1664.14
	机械费（元）				9.80	17.80
	仪器仪表费（元）				—	—
	名称	代号	单位	单价（元）	数量	
人工	安装工	1002	工日	145.80	8.900	12.600
材料	浮法玻璃 5	205010	m^2	—	—	（3.590）
	核磁共振电磁屏蔽室门 2.1×1.45	219018	套	—	（1.000）	—
	硬聚氯乙烯板δ3～8	210200	m^2	—	（0.720）	—
	镜框铝型材 LN10	206030	m	5.120	—	10.080
	镜框铝型材 LN107	206031	m	3.200	—	10.080
	黄铜板 δ3 以内	201121	kg	52.000	—	0.940
	不锈钢网 40 目	207752	m^2	18.000	—	4.160
	铜网 20 目	207242	m^2	125.000	—	1.630
	橡胶条	208033	m	2.000	—	10.080
	不锈钢自攻螺钉 25	207189	个	0.120	—	208.800
	自攻螺钉 M3.5×25	207408	100 个	5.200	—	0.210
	镀锌垫圈 5	207489	个	0.040	—	21.000
	硬聚氯乙烯板 δ10	210199	m^2	146.250	—	0.080
	塑料膨胀管≤ ϕ10	210142	只	0.800	—	2.100
	不锈钢木螺丝 40	207259	个	0.300	—	34.670
	镀锌垫圈 8	207029	个	0.120	—	21.000
	铜单眼压板 60×25×5	219119	块	5.600	22.000	—
	铜 T 型三眼压力板	219120	块	6.400	22.000	—
	尼龙绝缘套 ϕ4.5	210076	个	2.300	44.000	—
	板方材	203001	m^3	1944.000	0.160	0.070
	焊锡	207294	kg	67.720	3.340	2.340
	不锈钢圆钉 65	207261	个	0.250	46.200	—
	棉纱头	218101	kg	5.830	0.600	0.600
	酒精	209048	kg	35.000	0.500	0.500
	焊锡膏 50g/ 瓶	207292	kg	72.730	0.200	0.110
	防火涂料	209137	kg	14.24	2.600	1.200
	镀锌螺栓 M8×65	207049	个	0.300	231.000	—
	其他材料费	2999	元	—	3.600	4.600
机械	电锤 520W	3095	台班	33.340	—	0.240
	其他机具费	3999	元	—	9.800	9.800

第五节　全自动电磁屏蔽平开门

工作内容：搬运、定位、划线、焊接、安装、刷漆、清洁处理。　　计量单位：套

定额编号					18005001	18005002
项目名称					门扇　高（m）×宽（m）	
					1.8×0.75	2.0×0.85
预算基价					637.33	684.13
其中	人工费（元）				510.30	554.04
	材料费（元）				40.20	40.44
	机械费（元）				84.63	87.45
	仪器仪表费（元）				2.20	2.20
名称		代号	单位	单价（元）	数量	
人工	安装工	1002	工日	145.80	3.500	3.800
材料	全自动电磁屏蔽平开门 2.0×0.85	219020	套	—	—	（1.000）
	全自动电磁屏蔽平开门 1.8×0.75	219019	套	—	（1.000）	—
	清洁喷雾剂 80ml/ 支	218042	支	7.000	1.000	1.000
	棉纱头	218101	kg	5.830	0.400	0.400
	二氧化碳气	209122	m^3	2.000	1.200	1.200
	酒精	209048	kg	35.000	0.250	0.250
	脱脂纱布 25g/ 卷	218081	卷	2.000	3.000	3.000
	焊锡丝	207287	m	6.360	0.700	0.700
	电焊条 综合	207290	kg	6.000	0.400	0.440
	铁砂布 $0^{\#}$ ~ $2^{\#}$	218024	张	0.970	2.000	2.000
	角向砂轮片 $\phi100\times16$	208050	片	2.820	0.400	0.400
	其他材料费	2999	元	—	3.800	3.800
机械	交流弧焊机 ≤ 32kV·A	3100	台班	140.710	0.220	0.240
	二氧化碳气体保护焊机≤ 250A	3094	台班	81.620	0.540	0.540
	其他机具费	3999	元	—	9.600	9.600
仪器仪表	其他仪器仪表费	4999	元	—	2.200	2.200

第六节　气　囊　门

一、门扇、门框安装

工作内容：搬运、定位、划线、组合、安装、焊接、刷漆、清洁处理。　　　　计量单位：m^2

定额编号					18006001	18006002	18006003	18006004
项目名称					双面屏蔽			
					门扇面积（m^2）			
					≤ 4	≤ 10	≤ 25	≤ 50
预算基价					710.36	867.24	894.80	871.95
其中	人工费（元）				466.56	583.20	568.62	554.04
	材料费（元）				201.51	219.28	215.72	211.37
	机械费（元）				42.29	64.76	110.14	106.22
	仪器仪表费（元）				—	—	0.32	0.32
名　称		代号	单位	单价（元）	数　量			
人工	安装工	1002	工日	145.80	3.200	4.000	3.900	3.800
材料	双面屏蔽气囊门　≤ $10m^2$	219022	m^2	—	—	（1.000）	—	—
	双面屏蔽气囊门　≤ $50m^2$	219024	m^2	—	—	—	—	（1.000）
	双面屏蔽气囊门　≤ $25m^2$	219023	m^2	—	—	—	（1.000）	—
	双面屏蔽气囊门　≤ $4m^2$	219021	m^2	—	（1.000）	—	—	—
	二氧化碳气	209122	m^3	2.000	0.350	1.000	1.000	1.000
	酒精	209048	kg	35.000	0.120	0.100	0.080	0.060
	棉纱头	218101	kg	5.830	0.080	0.060	0.040	0.040
	矩形焊接钢管 100 × 50 × 3	201050-7	kg	5.150	—	5.300	5.200	5.100
	铁砂布 0# ~ 2#	218024	张	0.970	0.560	0.220	0.220	0.160
	防锈漆	209020	kg	17.000	0.210	0.610	0.610	0.600
	矩形焊接钢管 50 × 30 × 2	201050-2	kg	5.150	15.600	12.400	12.200	12.000
	冷轧钢板 δ3 以内	201039	kg	5.700	18.160	17.950	17.800	17.500
	角向砂轮片 ϕ100 × 16	208050	片	2.820	0.200	0.200	0.190	0.180
机械	卷扬机 3t	3045	台班	82.440	—	—	0.100	0.120
	二氧化碳气体保护焊机 ≤ 250A	3094	台班	81.620	0.140	0.290	0.290	0.290
	交流弧焊机≤ 32kV · A	3100	台班	140.710	0.140	0.160	0.170	0.180
	型材切割机	3108	台班	18.310	0.140	0.130	0.120	0.120
	其他机具费	3999	元	—	8.600	9.800	9.800	10.200
仪器仪表	经纬仪	4294	台班	8.000	—	—	0.040	0.040

工作内容：搬运、定位、划线、组合、安装、焊接、刷漆、清洁处理。 计量单位：m^2

定额编号					18006005	18006006
项目名称					双面屏蔽	单面屏蔽
					门扇面积（m^2）	
					≤ 80	≤ 120
预算基价					654.65	644.66
其中	人工费（元）				539.46	524.88
	材料费（元）				17.11	17.03
	机械费（元）				97.76	102.43
	仪器仪表费（元）				0.32	0.32
名称		代号	单位	单价（元）	数量	
人工	安装工	1002	工日	145.80	3.700	3.600
材料	单面屏蔽气囊门≤ 120m^2	219026	m^2	—	—	（1.000）
	双面屏蔽气囊门≤ 80m^2	219025	m^2	—	（1.000）	—
	棉纱头	218101	kg	5.830	0.030	0.030
	铁砂布 $0^{\#}$ ~ $2^{\#}$	218024	张	0.970	0.130	0.120
	酒精	209048	kg	35.000	0.040	0.040
	二氧化碳气	209122	m^3	2.000	0.700	0.700
	防锈漆	209020	kg	17.000	0.420	0.420
	二氧化碳焊丝 ϕ0.8	207286	m	7.690	0.200	0.200
	角向砂轮片 $\phi100 \times 16$	208050	片	2.820	0.180	0.170
	电焊条 综合	207290	kg	6.000	0.270	0.280
	其他材料费	2999	元	—	3.200	3.100
机械	电动空气压缩机≤ 1m^3/min	3109	台班	74.800	0.050	0.060
	汽车起重机 20t	3014	台班	1116.120	0.030	0.030
	卷扬机 3t	3045	台班	82.440	0.140	0.150
	等离子切割机≤ 80A	3119	台班	85.000	0.050	0.060
	二氧化碳气体保护焊机≤ 250A	3094	台班	81.620	0.140	0.150
	交流弧焊机≤ 32kV · A	3100	台班	140.710	0.150	0.160
	型材切割机	3108	台班	18.310	0.110	0.100
	其他机具费	3999	元	—	10.200	10.400
仪器仪表	经纬仪	4294	台班	8.000	0.040	0.040

二、电动平移传动装置安装

工作内容：搬运、定位、划线、安装、刷漆。 计量单位：套

定额编号					18007001	18007002	18007003	18007004
项目名称					水平推拉			
					对应门扇面积（m^2）			
					≤ 4	≤ 10	≤ 25	≤ 50
预算基价					647.10	1784.60	2429.12	2809.41
其中	人工费（元）				568.62	1545.48	1953.72	2303.64
	材料费（元）				17.21	44.16	52.71	63.91
	机械费（元）				61.27	194.96	422.69	441.86
	仪器仪表费（元）				—	—	—	—
	名称	代号	单位	单价（元）	数量			
人工	安装工	1002	工日	145.80	3.900	10.600	13.400	15.800
材料	气囊门推位传动装置≤ $10m^2$	219028	套	—	—	（1.000）	—	—
	气囊门推位传动装置≤ $50m^2$	219030	套	—	—	—	—	（1.000）
	气囊门推位传动装置≤ $25m^2$	219029	套	—	—	—	（1.000）	—
	气囊门推位传动装置≤ $4m^2$	219027	套	—	（1.000）	—	—	—
	防锈漆	209020	kg	17.000	—	1.200	1.600	2.000
	电焊条 综合	207290	kg	6.000	0.760	1.560	1.670	1.770
	棉纱头	218101	kg	5.830	0.400	0.800	0.900	1.000
	角向砂轮片 $\phi100\times16$	208050	片	2.820	2.000	2.000	2.000	3.000
	其他材料费	2999	元	—	4.680	4.100	4.600	5.000
机械	电动空气压缩机≤ $1m^3/min$	3109	台班	74.800	—	0.480	0.590	0.640
	汽车起重机 5t	3010	台班	436.580	—	—	0.400	0.400
	卷扬机 3t	3045	台班	82.440	—	—	0.320	0.380
	交流弧焊机≤ 32kV·A	3100	台班	140.710	0.380	0.780	0.840	0.880
	等离子切割机≤ 80A	3119	台班	85.000	—	0.480	0.590	0.640
	其他机具费	3999	元	—	7.800	8.500	9.200	9.800

工作内容：搬运、定位、划线、安装、刷漆。　　计量单位：套

定额编号					18007005	18007006	18007007
项目名称					水平推拉		垂直升降
					对应门扇面积（m^2）		
					≤ 80	≤ 120	> 120
预算基价					3031.46	4239.53	5125.95
其中	人工费（元）				2478.60	3615.84	4490.64
	材料费（元）				71.05	81.12	86.47
	机械费（元）				481.81	542.57	548.84
	仪器仪表费（元）				—	—	—
名称		代号	单位	单价（元）	数量		
人工	安装工	1002	工日	145.80	17.000	24.800	30.800
材料	气囊门推位传动装置≤ 120m^2	219032	套	—	—	（1.000）	—
	气囊门升降平移传动装置≤ 120m^2	219033	套	—	—	—	（1.000）
	气囊门推位传动装置≤ 80m^2	219031	套	—	（1.000）	—	—
	棉纱头	218101	kg	5.830	1.100	1.300	1.500
	角向砂轮片 $\phi100 \times 16$	208050	片	2.820	3.000	4.000	4.000
	防锈漆	209020	kg	17.000	2.400	2.600	2.800
	电焊条 综合	207290	kg	6.000	1.880	2.210	2.340
	其他材料费	2999	元	—	4.100	4.800	4.800
机械	汽车起重机 5t	3010	台班	436.580	0.400	0.400	0.400
	卷扬机 3t	3045	台班	82.440	0.440	0.550	0.640
	电动空气压缩机≤ 1m^3/min	3109	台班	74.800	0.810	0.980	0.920
	交流弧焊机≤ 32kV·A	3100	台班	140.710	0.940	1.110	1.170
	等离子切割机≤ 80A	3119	台班	85.000	0.810	0.980	0.920
	其他机具费	3999	元	—	9.200	9.800	9.800

三、门坎翻板安装

工作内容：搬运、定位、划线、组合、安装、焊接、刷漆。　　　　计量单位：套

定 额 编 号					18008001	18008002	18008003	18008004
项 目 名 称					对应门坎宽度（m）			
					≤ 1.5	≤ 3	≤ 5	≤ 7
预 算 基 价					602.82	798.80	1019.04	1278.81
其中	人工费（元）				524.88	699.84	903.96	1137.24
	材料费（元）				19.67	26.67	30.26	35.58
	机械费（元）				58.27	72.29	84.82	105.99
	仪器仪表费（元）				—	—	—	—
名 称		代号	单位	单价（元）	数 量			
人工	安装工	1002	工日	145.80	3.600	4.800	6.200	7.800
材料	气囊门门坎翻板≤ 10m²	219035	套	—	—	（1.000）	—	—
	气囊门门坎翻板≤ 50m²	219037	套	—	—	—	—	（1.000）
	气囊门门坎翻板≤ 25m²	219036	套	—	—	—	（1.000）	—
	气囊门门坎翻板≤ 4m²	219034	套	—	（1.000）	—	—	—
	棉纱头	218101	kg	5.830	0.300	0.400	0.500	0.500
	防锈漆	209020	kg	17.000	0.300	0.400	0.500	0.700
	电焊条 综合	207290	kg	6.000	0.900	1.200	1.400	1.700
	角向砂轮片 $\phi100\times16$	208050	片	2.820	1.000	2.000	2.000	2.000
	其他材料费	2999	元	—	4.600	4.700	4.800	4.920
机械	电动空气压缩机≤ 1m³/min	3109	台班	74.800	0.200	0.240	0.270	0.310
	等离子切割机≤ 80A	3119	台班	85.000	0.200	0.240	0.270	0.310
	交流弧焊机≤ 32kV · A	3100	台班	140.710	0.150	0.200	0.250	0.350
	其他机具费	3999	元	—	5.200	5.800	6.500	7.200

工作内容：搬运、定位、划线、组合、安装、焊接、刷漆。　　　　计量单位：套

定额编号					18008005	18008006
项目名称					对应门坎宽度（m）	
					≤ 9	≤ 12
预算基价					1566.63	1895.19
其中	人工费（元）				1385.10	1676.70
	材料费（元）				54.98	65.78
	机械费（元）				126.55	152.71
	仪器仪表费（元）				—	—
名称		代号	单位	单价（元）	数量	
人工	安装工	1002	工日	145.80	9.500	11.500
材料	气囊门门坎翻板≤ $120m^2$	219039	套	—	—	（1.000）
	气囊门门坎翻板≤ $80m^2$	219038	套	—	（1.000）	—
	角向砂轮片 $\phi100\times16$	208050	片	2.820	5.000	6.000
	棉纱头	218101	kg	5.830	1.200	1.400
	防锈漆	209020	kg	17.000	0.900	1.100
	电焊条 综合	207290	kg	6.000	2.200	2.700
	其他材料费	2999	元	—	5.380	5.800
机械	电动空气压缩机≤ $1m^3/min$	3109	台班	74.800	0.350	0.410
	等离子切割机≤ 80A	3119	台班	85.000	0.350	0.410
	交流弧焊机≤ 32kV · A	3100	台班	140.710	0.450	0.550
	其他机具费	3999	元	—	7.300	9.800

四、平移、翻板及充、放气联动控制装置安装

工作内容：搬运、定位、管线敷设、安装、调试。　　　　计量单位：套

定额编号					18009001	18009002	18009003	18009004
项目名称					对应门扇面积（m^2）			
					≤ 4	≤ 10	≤ 25	≤ 50
预算基价					4839.94	3400.99	3477.88	4983.90
其中	人工费（元）				699.84	758.16	831.06	933.12
	材料费（元）				4110.09	2610.81	2611.29	4011.83
	机械费（元）				27.81	29.82	33.33	36.75
	仪器仪表费（元）				2.20	2.20	2.20	2.20
	名称	代号	单位	单价（元）	数量			
人工	安装工	1002	工日	145.80	4.800	5.200	5.700	6.400
材料	气囊门电动、气动控制装置≤ 10m^2	219041	套	—	—	（1.000）	—	—
	气囊门电动、气动控制装置≤ 25m^2	219042	套	—	—	—	（1.000）	—
	气囊门电动、气动控制装置≤ 50m^2	219043	套	—	—	—	—	（1.000）
	气囊门电动、气动控制装置≤ 4m^2	219040	套	—	（1.000）	—	—	—
	电动空气压缩机 0.22m^3/min	219047	台	2600.000	—	1.000	1.000	—
	电动空气压缩机 0.47m^3/min	219048	台	4000.000	—	—	—	1.000
	棉纱头	218101	kg	5.830	0.300	0.300	0.300	0.300
	雷达传感器 CONCORDER-1	219049	台	1600.000	1.000	—	—	—
	低噪声电动空气压缩机 0.03m^3/min	219046	台	2500.000	1.000	—	—	—
	电焊条 综合	207290	kg	6.000	0.320	0.340	0.370	0.410
	角向砂轮片 $\phi100\times16$	208050	片	2.820	1.000	1.000	1.000	1.000
	其他材料费	2999	元	—	3.600	4.200	4.500	4.800
机械	交流弧焊机 ≤ 32kV·A	3100	台班	140.710	0.160	0.170	0.190	0.210
	其他机具费	3999	元	—	5.300	5.900	6.600	7.200
仪器仪表	其他仪器仪表费	4999	元	—	2.200	2.200	2.200	2.200

工作内容：搬运、定位、管线敷设、安装、调试。　　计量单位：套

定额编号						18009005	18009006
项目名称						对应门扇面积（m^2）	
						≤ 80	≤ 120
预算基价						5120.31	5315.93
其中	人工费（元）					1064.34	1253.88
	材料费（元）					4013.31	4014.07
	机械费（元）					40.46	45.78
	仪器仪表费（元）					2.20	2.20
名称		代号	单位	单价（元）		数量	
人工	安装工	1002	工日	145.80		7.300	8.600
材料	气囊门电动、气动控制装置≤ 120m^2	219045	套	—		—	（1.000）
	气囊门电动、气动控制装置≤ 80m^2	219044	套	—		（1.000）	—
	角向砂轮片 $\phi100\times16$	208050	片	2.820		1.000	1.000
	棉纱头	218101	kg	5.830		0.400	0.400
	电动空气压缩机 0.47m^3/min	219048	台	4000.000		1.000	1.000
	电焊条 综合	207290	kg	6.000		0.460	0.520
	其他材料费	2999	元	—		5.400	5.800
机械	交流弧焊机 ≤ 32kV · A	3100	台班	140.710		0.230	0.260
	其他机具费	3999	元	—		8.100	9.200
仪器仪表	其他仪器仪表费	4999	元	—		2.200	2.200

第七节　插刀式吊挂平开门

工作内容：搬运、定位、安装、焊接、刷漆、清洁处理、调试。

定额编号					18010001	18010002	18010003	18010004	18010005
项目名称					框扇（m^2）		弧形吊挂导轨（套）		电动锁紧装置控制装置（套）
					单层屏蔽	双层屏蔽	门宽（m）		
							≤ 1.8	≤ 2.8	
预算基价					891.27	941.35	11798.69	15811.25	629.86
其中	人工费（元）				758.16	801.90	1909.98	2959.74	524.88
	材料费（元）				27.29	30.81	9727.72	12638.46	19.20
	机械费（元）				105.82	108.64	160.99	213.05	85.78
	仪器仪表费（元）				—	—	—	—	—
	名　称	代号	单位	单价（元）	数　量				
人工	安装工	1002	工日	145.80	5.200	5.500	13.100	20.300	3.600
材料	插刀式双层屏蔽吊挂平开门	219051	m^2	—	—	（1.000）	—	—	—
	插刀式吊挂平开门电动锁紧装置	219052	套	—	—	—	—	—	（1.000）
	插刀式单层屏蔽吊挂平开门	219050	m^2	—	（1.000）	—	—	—	—
	二氧化碳气	209122	m^3	2.000	1.230	1.230	—	—	—
	酒精	209048	kg	35.000	0.080	0.080	—	—	—
	弧形吊挂导轨 R=1.5m　1t	219054	套	12600.000	—	—	—	1.000	—
	弧形吊挂导轨 R=1.2m　0.25t	219053	套	9700.000	—	—	1.000	—	—
	棉纱头	218101	kg	5.830	0.080	0.080	—	—	—
	二氧化碳焊丝 ϕ0.8	207286	m	7.690	0.680	0.680	—	—	—
	防锈漆	209020	kg	17.000	0.600	0.800	0.600	0.800	0.500
	电焊条 综合	207290	kg	6.000	0.470	0.490	1.280	1.800	0.780
	铁砂布 0# ～ 2#	218024	张	0.970	0.200	0.200	—	—	—
	角向砂轮片 $\phi100\times16$	208050	片	2.820	0.113	0.113	2.000	3.000	1.000
	其他材料费	2999	元	—	2.800	2.800	4.200	5.600	3.200
机械	等离子切割机≤ 80A	3119	台班	85.000	0.060	0.060	0.180	0.180	—
	电动空气压缩机 ≤ 1m^3/min	3109	台班	74.800	0.060	0.060	0.180	0.180	—
	二氧化碳气体保护焊机≤ 250A	3094	台班	81.620	0.560	0.560	—	—	—
	交流弧焊机 ≤ 32kV · A	3100	台班	140.710	0.320	0.340	0.880	1.250	0.540
	其他机具费	3999	元	—	5.500	5.500	8.400	8.400	9.800

第八节　插刀式推拉门

一、门及锁紧装置安装

工作内容：搬运、定位、组合、安装、焊接、刷漆、清洁处理。

定额编号					18011001	18011002	18011003
项目名称					框扇（m^2）		电动锁紧装置（套）
					双簧	四簧	
预算基价					903.29	952.35	840.90
其中	人工费（元）				816.48	860.22	801.90
	材料费（元）				25.28	26.38	12.31
	机械费（元）				61.53	65.75	26.69
	仪器仪表费（元）				—	—	—
名称		代号	单位	单价（元）	数量		
人工	安装工	1002	工日	145.80	5.600	5.900	5.500
材料	插刀式推拉门电动锁紧装置	219057	套	—	—	—	（1.000）
	插刀式四簧推拉门	219056	m^2	—	—	（1.000）	—
	插刀式双簧推拉门	219055	m^2	—	（1.000）	—	—
	酒精	209048	kg	35.000	0.100	0.120	—
	棉纱头	218101	kg	5.830	0.100	0.100	—
	二氧化碳气	209122	m^3	2.000	0.460	0.460	—
	铁砂布 $0^{\#}\sim 2^{\#}$	218024	张	0.970	0.200	0.200	—
	防锈漆	209020	kg	17.000	0.660	0.660	0.300
	二氧化碳焊丝 $\phi0.8$	207286	m	7.690	0.270	0.270	—
	角向砂轮片 $\phi100\times16$	208050	片	2.820	0.100	0.100	0.500
	电焊条 综合	207290	kg	6.000	0.300	0.350	0.250
	其他材料费	2999	元	—	4.700	4.800	4.300
机械	等离子切割机≤ 80A	3119	台班	85.000	0.080	0.080	—
	电动空气压缩机≤ $1m^3/min$	3109	台班	74.800	0.080	0.080	—
	型材切割机	3108	台班	18.310	0.070	0.070	—
	二氧化碳气体保护焊机≤ 250A	3094	台班	81.620	0.220	0.220	—
	交流弧焊机≤ 32kV · A	3100	台班	140.710	0.150	0.180	0.130
	其他机具费	3999	元	—	8.400	8.400	8.400

二、推拉、门坎翻板及联动控制装置安装

工作内容：搬运、定位、安装、刷漆、调试。　　　　计量单位：套

定额编号					18012001	18012002	18012003
项目名称					电动推拉装置	门坎翻板装置	联动控制装置
预算基价					1525.76	1007.78	878.34
其中	人工费（元）				1428.84	903.96	860.22
	材料费（元）				13.14	16.39	6.72
	机械费（元）				83.78	87.43	9.20
	仪器仪表费（元）				—	—	2.20
名称		代号	单位	单价（元）	数量		
人工	安装工	1002	工日	145.80	9.800	6.200	5.900
材料	插刀式推拉门门坎翻板装置	219059	套	—	—	（1.000）	—
	插刀式推拉门联动控制装置	219060	套	—	—	—	（1.000）
	插刀式推拉门电动推拉装置	219058	套	—	（1.000）	—	—
	棉纱头	218101	kg	5.830	0.500	0.500	0.500
	铁砂布 $0^{\#}\sim2^{\#}$	218024	张	0.970	0.100	—	—
	电焊条 综合	207290	kg	6.000	0.820	0.740	—
	角向砂轮片 $\phi100\times16$	208050	片	2.820	0.500	1.500	—
	其他材料费	2999	元	—	3.800	4.800	3.800
机械	等离子切割机≤80A	3119	台班	85.000	—	0.070	—
	电动空气压缩机 ≤ $1m^3/min$	3109	台班	74.800	—	0.070	—
	交流弧焊机 ≤32kV·A	3100	台班	140.710	0.530	0.490	—
	其他机具费	3999	元	—	9.200	7.300	9.200
仪器仪表	其他仪器仪表费	4999	元	—	—	—	2.200

第九节　插刀式吊挂滑动推拉门

一、门及锁紧装置安装

工作内容：搬运、定位、组合、安装、焊接、刷漆、清洁处理。

定额编号					18013001	18013002	18013003
项目名称					框扇（m^2）		电动锁紧装置（套）
					双簧	四簧	
预算基价					905.85	951.82	850.75
其中	人工费（元）				816.48	860.22	801.90
	材料费（元）				18.84	19.66	16.03
	机械费（元）				70.53	71.94	32.82
	仪器仪表费（元）				—	—	—
名称		代号	单位	单价（元）	数量		
人工	安装工	1002	工日	145.80	5.600	5.900	5.500
材料	插刀式吊挂滑动推拉门电动锁紧装置	219063	套	—	—	—	（1.000）
	插刀式四簧吊挂滑动推拉门	219062	m^2	—	—	（1.000）	—
	插刀式双簧吊挂滑动推拉门	219061	m^2	—	（1.000）	—	—
	酒精	209048	kg	35.000	0.100	0.120	—
	棉纱头	218101	kg	5.830	0.080	0.080	—
	二氧化碳气	209122	m^3	2.000	0.080	0.080	—
	铁砂布 0# ~ 2#	218024	张	0.970	0.400	0.400	—
	防锈漆	209020	kg	17.000	0.300	0.300	0.500
	二氧化碳焊丝 ϕ0.8	207286	m	7.690	0.460	0.460	—
	角向砂轮片 $\phi100 \times 16$	208050	片	2.820	0.110	0.110	0.500
	电焊条 综合	207290	kg	6.000	0.280	0.300	0.270
	其他材料费	2999	元	—	3.700	3.700	4.500
机械	等离子切割机≤ 80A	3119	台班	85.000	0.070	0.070	—
	电动空气压缩机≤ $1m^3/min$	3109	台班	74.800	0.070	0.070	—
	型材切割机	3108	台班	18.310	0.080	0.080	—
	二氧化碳气体保护焊机≤ 250A	3094	台班	81.620	0.360	0.360	—
	交流弧焊机≤ 32kV·A	3100	台班	140.710	0.140	0.150	0.170
	其他机具费	3999	元	—	8.800	8.800	8.900

二、门坎升降平台安装

工作内容：搬运、定位、组合、安装、刷漆。　　　　计量单位：套

定额编号					18014001	18014002	18014003	18014004
项目名称					液压升降		摆杆升降	
					门坎宽度（m）			
					≤ 3	≤ 5	≤ 3	≤ 5
预算基价					1022.87	1625.63	1436.50	2066.66
其中	人工费（元）				831.06	1385.10	1283.04	1851.66
	材料费（元）				36.29	56.89	40.28	61.68
	机械费（元）				155.52	183.64	113.18	153.32
	仪器仪表费（元）				—	—	—	—
	名称	代号	单位	单价（元）	数量			
人工	安装工	1002	工日	145.80	5.700	9.500	8.800	12.700
材料	插刀式吊挂滑动推拉门液压升降平台（门坎宽度＜5m）	219065	套	—	—	（1.000）	—	—
	插刀式吊挂滑动推拉门摆杆升降平台（门坎宽度＜5m）	219067	套	—	—	—	—	（1.000）
	插刀式吊挂滑动推拉门摆杆升降平台（门坎宽度＜3m）	219066	套	—	—	—	（1.000）	—
	插刀式吊挂滑动推拉门液压升降平台（门坎宽度＜3m）	219064	套	—	（1.000）	—	—	—
	棉纱头	218101	kg	5.830	0.500	0.800	0.500	0.800
	防锈漆	209020	kg	17.000	1.300	2.100	1.300	2.100
	电焊条 综合	207290	kg	6.000	0.640	0.980	0.920	1.360
	角向砂轮片 $\phi 100 \times 16$	208050	片	2.820	1.500	2.500	2.000	3.000
	其他材料费	2999	元	—	3.200	3.600	4.100	4.700
机械	等离子切割机≤ 80A	3119	台班	85.000	0.110	0.130	0.250	0.300
	电动空气压缩机≤ $1m^3$/min	3109	台班	74.800	0.110	0.130	0.250	0.300
	汽车起重机 5t	3010	台班	436.580	0.200	0.200	—	—
	交流弧焊机≤ 32kV · A	3100	台班	140.710	0.320	0.490	0.460	0.680
	其他机具费	3999	元	—	5.600	6.600	8.500	9.700

三、行车及联动控制装置安装

工作内容：搬运、定位、安装、刷漆、调试。 计量单位：套

定额编号					18015001	18015002	18015003
项目名称					行车		联动控制装置
					推拉行程（m）		
					≤3	≤5	
预算基价					2348.20	2818.32	1390.67
其中	人工费（元）				2128.68	2507.76	1370.52
	材料费（元）				28.84	39.32	9.75
	机械费（元）				190.68	271.24	8.20
	仪器仪表费（元）				—	—	2.20
	名称	代号	单位	单价（元）	数量		
人工	安装工	1002	工日	145.80	14.600	17.200	9.400
材料	插刀式吊挂滑动推拉门行车（推拉行程＜5m）	219069	套	—	—	（1.000）	—
	插刀式吊挂滑动推拉门联动控制装置	219070	套	—	—	—	（1.000）
	插刀式吊挂滑动推拉门行车（推拉行程＜3m）	219068	套	—	（1.000）	—	—
	棉纱头	218101	kg	5.830	0.500	0.600	0.300
	角向砂轮片 $\phi100\times16$	208050	片	2.820	2.000	3.000	—
	防锈漆	209020	kg	17.000	0.500	0.700	0.200
	电焊条 综合	207290	kg	6.000	1.280	1.860	—
	其他材料费	2999	元	—	4.100	4.300	4.600
机械	电动空气压缩机 ≤1m^3/min	3109	台班	74.800	0.240	0.280	—
	等离子切割机≤80A	3119	台班	85.000	0.240	0.280	—
	交流弧焊机 ≤32kV·A	3100	台班	140.710	1.020	1.540	—
	其他机具费	3999	元	—	8.800	9.800	8.200
仪器仪表	其他仪器仪表费	4999	元	—	—	—	2.200

第十节　电磁屏蔽窗

工作内容：搬运、定位、制作、安装、清洁处理。　　　　计量单位：m²

定额编号					18016001	18016002
项目名称					开启形式	
					不可开启式	局部可开启式
预算基价					804.73	819.31
其中	人工费（元）				364.50	379.08
	材料费（元）				292.52	292.52
	机械费（元）				147.71	147.71
	仪器仪表费（元）				—	—
名称		代号	单位	单价（元）	数量	
人工	安装工	1002	工日	145.80	2.500	2.600
材料	局部可开启式电磁屏蔽窗	219072	m^2	—	—	（1.000）
	不可开启式电磁屏蔽窗	219071	m^2	—	（1.000）	—
	镀锌带母螺栓 8×85 ~ 100	207122	套	0.410	8.650	8.650
	焊锡膏 50g/ 瓶	207291	瓶	3.340	0.040	0.040
	焊锡	207294	kg	67.720	0.450	0.450
	脱脂纱布 25g/ 卷	218081	卷	2.000	0.300	0.300
	膨胀螺栓 ϕ12	207161	套	1.560	2.160	2.160
	冷轧钢板 δ3 以内	201039	kg	5.700	0.550	0.550
	矩形焊接钢管 80×80×5	201050	kg	5.150	36.500	36.500
	电焊条 综合	207290	kg	6.000	0.180	0.180
	镀锡铜箔带 0.06×33	207602	m	4.340	2.300	2.300
	铜单眼压板 60×25×5	219119	块	5.600	8.700	8.700
	其他材料费	2999	元	—	3.500	3.500
机械	电锤 520W	3095	台班	33.340	0.500	0.500
	交流弧焊机 ≤ 32kV·A	3100	台班	140.710	0.900	0.900
	其他机具费	3999	元	—	4.400	4.400

第五章
各类接口安装工程

说明及工程量计算规则

说　　明

1. 本章主要内容包括：通风接口、滤波器、空调接口、信号接口板、光纤接口、电视监控接口、消防接口、散热灯箱等安装。

2. 波导窗的对边是指六角形波导孔的对边距离尺寸，是规格与功能的表示方式。

3. 室外送风的风管与电磁屏蔽室的接口，应通过软接头和接口法兰框架再与波导窗框架对接，通风口安装子目中已包括接头材料。

4. 定额中电磁屏蔽室供电电源在30A及以下时电源滤波器为双线型，50A及以上时电源滤波器为单线型。

5. 各类接口板、波导窗均按成套产品价进入定额中，执行时不得另行计价。

6. 消防接口中消防水、气管道接口如需考虑绝缘，在管口电磁屏蔽室室外部位加装绝缘结构件，材料费按实际发生额计取，日工资及机械费不变。

工程量计算规则

1. 装配式和焊接式电磁屏蔽室的热浸锡型、真空钎焊型波导窗按对边距离以“套”计算。

2. 直贴式及核磁共振电磁屏蔽室的波导窗以“套”计算。

3. 风扇、通风管接口均以“套”计算。

4. 电源滤波器按双线型、单线型及额定电流以“套”计算。

5. 接地滤波器及信号滤波器以“套”计算。

6. 空调接口按单冷或冷暖型及接口形式以“套”计算。

7. 信号接口板以“套”计算。

8. 光纤接口按光纤转换器规格以“套”计算。

9. 电视监控接口按录像机功能以“套”计算。

10. 消防接口的烟雾声光报警传感器接口以“套”计算；消防水、气管道接口按管道公称内径以“套”计算。

11. 散热灯箱按热浸锡波导窗或真空钎焊波导窗以“套”计算。

第一节　通 风 接 口

一、装配式及焊接式电磁屏蔽室波导窗安装

工作内容：定位、划线、窗口切割、安装、焊接。　　　　计量单位：套

定额编号					19001001	19001002	19001003
项目名称					热浸锡型		真空钎焊型
					对边距离（mm）		
					5	10	3.2
预算基价					1399.08	1249.08	1437.85
其中	人工费（元）				109.35	109.35	81.65
	材料费（元）				1252.14	1102.14	1325.14
	机械费（元）				37.59	37.59	31.06
	仪器仪表费（元）				—	—	—
名称		代号	单位	单价（元）	数量		
人工	安装工	1002	工日	145.80	0.750	0.750	0.560
材料	二氧化碳气	209122	m^3	2.000	0.720	0.720	0.500
	焊锡	207294	kg	67.720	0.200	0.200	—
	棉纱头	218101	kg	5.830	0.150	0.150	—
	真空钎焊波导窗 300×300×3.2	219078	个	1320.000	—	—	1.000
	热浸锡六角波导窗 300×300×10	219075	个	1050.000	—	1.000	—
	冷轧钢板 $\delta 3$ 以内	201039	kg	5.700	3.900	3.900	—
	热浸锡六角波导窗 300×300×5	219074	个	1200.000	1.000	—	—
	黄铜网 100 目	207241	m^2	46.150	0.080	0.080	—
	焊锡丝	207287	m	6.360	0.380	0.380	0.290
	镀锡铜箔带 0.06×33	207602	m	4.340	1.300	1.300	—
	其他材料费	2999	元	—	2.300	2.300	2.300
机械	电动空气压缩机 ≤ $1m^3/min$	3109	台班	74.800	0.060	0.060	0.060
	等离子切割机≤ 80A	3119	台班	85.000	0.060	0.060	0.060
	二氧化碳气体保护焊机≤ 250A	3094	台班	81.620	0.310	0.310	0.230
	其他机具费	3999	元	—	2.700	2.700	2.700

二、直贴式及核磁共振电磁屏蔽室波导窗安装

工作内容：定位、划线、框架制作、安装、焊接、刷涂料。　　　　计量单位：套

定额编号					19002001	19002002
项目名称					直贴式电磁屏蔽室波导窗	核磁共振屏蔽室波导窗
预算基价					1245.37	1846.14
其中	人工费（元）				113.72	122.47
	材料费（元）				1128.35	1720.17
	机械费（元）				3.30	3.50
	仪器仪表费（元）				—	—
名称		代号	单位	单价（元）	数量	
人工	安装工	1002	工日	145.80	0.780	0.840
材料	铜热浸锡六角波导窗 300×300×10	219076	个	1660.000	—	1.000
	焊锡膏 50g/瓶	207292	kg	72.730	0.010	—
	防火涂料	209137	kg	14.24	—	0.150
	板方材	203001	m^3	1944.000	—	0.008
	焊锡	207294	kg	67.720	0.350	0.350
	冷轧钢板 $\delta3$ 以内	201039	kg	5.700	6.200	—
	热浸锡六角波导窗 300×300×10	219075	个	1050.000	1.000	—
	镀锡铜箔带 0.06×33	207602	m	4.340	2.600	2.600
	黄铜网 100 目	207241	m^2	46.150	0.080	0.080
	其他材料费	2999	元	—	3.600	3.800
机械	其他机具费	3999	元	—	3.300	3.500

三、风扇及通风管接口安装

工作内容：定位、划线、支架、风管外接口法兰制作、安装。　　　　计量单位：套

定额编号					19003001	19003002
项目名称					风扇	通风管外接口
预算基价					418.55	194.09
其中	人工费（元）				81.65	132.68
	材料费（元）				324.16	49.77
	机械费（元）				12.74	11.64
	仪器仪表费（元）				—	—
名称		代号	单位	单价（元）	数量	
人工	安装工	1002	工日	145.80	0.560	0.910
材料	棉纱头	218101	kg	5.830	0.100	—
	矩形焊接钢管 50×30×2	201050	kg	5.150	—	7.920
	帆布	218009	m^2	15.990	—	0.300
	风扇支架	219080	套	45.000	1.000	—
	排气风扇	219079	个	275.000	1.000	—
	电焊条 综合	207290	kg	6.000	0.080	0.080
	其他材料费	2999	元	—	3.100	3.700
机械	交流弧焊机 ≤32kV·A	3100	台班	140.710	0.050	0.050
	其他机具费	3999	元	—	5.700	4.600

第二节 电源滤波器

工作内容：定位、划线、钻孔、焊接、安装。 计量单位：套

定额编号					19004001	19004002	19004003	19004004	19004005
项目名称					双线型		单线型		
					额定电流（A）				
					16	30	50	100	200
预算基价					70.15	70.15	284.35	328.10	247.70
其中	人工费（元）				48.11	48.11	69.98	78.73	93.31
	材料费（元）				13.31	13.31	202.13	237.13	141.65
	机械费（元）				8.73	8.73	12.24	12.24	12.74
	仪器仪表费（元）				—	—	—	—	—
	名称	代号	单位	单价（元）	数量				
人工	安装工	1002	工日	145.80	0.330	0.330	0.480	0.540	0.640
材料	电源滤波器 16A 双线	219081	台	—	（1.000）	—	—	—	—
	电源滤波器 30A 双线	219082	台	—	—	（1.000）	—	—	—
	电源滤波器 50A 单线	219083	台	—	—	—	（1.000）	—	—
	电源滤波器 100A 单线	219084	台	—	—	—	—	（1.000）	—
	电源滤波器 200A 单线	219085	台	—	—	—	—	—	（1.000）
	接线端子箱	219088	个	—	—	—	—	—	（1.000）
	铜端子 25	213123	个	13.000	—	—	4.000	—	—
	接线端子箱≤ 50A	219086	个	135.000	—	—	1.000	—	—
	接线端子箱≤ 100A	219087	个	150.000	—	—	—	1.000	—
	铜端子 95	213127	个	31.630	—	—	—	—	4.000
	铜端子 50	213125	个	18.000	—	—	—	4.000	—
	黄铜网 100 目	207241	m^2	46.150	0.040	0.040	0.060	0.060	0.060
	电焊条 综合	207290	kg	6.000	0.070	0.070	0.120	0.120	0.120
	滤波器钢垫块	201139	块	4.100	1.000	1.000	1.000	1.000	1.000
	铁砂布 $0^{\#}$ ~ $2^{\#}$	218024	张	0.970	0.150	0.150	0.150	0.150	0.150
	酒精	209048	kg	35.000	0.080	0.080	0.080	0.080	0.080
	脱脂纱布 25g/ 卷	218081	卷	2.000	0.400	0.400	0.400	0.400	0.400
	其他材料费	2999	元	—	3.200	3.200	3.800	3.800	3.800
机械	交流弧焊机 ≤ 32kV·A	3100	台班	140.710	0.040	0.040	0.060	0.060	0.060
	其他机具费	3999	元	—	3.100	3.100	3.800	3.800	4.300

第三节 其他滤波器

工作内容：定位、划线、钻孔、焊接、安装。 计量单位：套

定额编号					19005001	19005002
项目名称					接地滤波器	信号滤波器
预算基价					70.15	68.70
其中	人工费（元）				48.11	46.66
	材料费（元）				13.31	13.31
	机械费（元）				8.73	8.73
	仪器仪表费（元）				—	—
	名称	代号	单位	单价（元）	数量	
人工	安装工	1002	工日	145.8	0.330	0.320
材料	信号滤波器	219090	台	—	—	（1.000）
	接地滤波器	219089	台	—	（1.000） 元	—
	脱脂纱布 25g/ 卷	218081	卷	2.000	0.400	0.400
	铁砂布 0# ~ 2#	218024	张	0.970	0.150	0.150
	酒精	209048	kg	35.000	0.080	0.080
	滤波器钢垫块	201139	块	4.100	1.000	1.000
	电焊条 综合	207290	kg	6.000	0.070	0.070
	黄铜网 100 目	207241	m^2	46.150	0.040	0.040
	其他材料费	2999	元	—	3.200	3.200
机械	交流弧焊机 ≤ 32kV · A	3100	台班	140.710	0.040	0.040
	其他机具费	3999		—	3.100	3.100

第四节　空 调 接 口

工作内容：定位、划线、钻孔、焊接、安装。　　　　计量单位：套

定额编号					19006001	19006002	19006003	19006004
项目名称					单冷空调		冷暖空调	
					接口形式			
					绝缘式	非绝缘式	绝缘式	非绝缘式
预算基价					3997.10	1189.62	4077.34	1269.86
其中	人工费（元）				396.58	309.10	463.64	376.16
	材料费（元）				3585.28	865.28	3593.64	873.64
	机械费（元）				15.24	15.24	20.06	20.06
	仪器仪表费（元）				—	—	—	—
	名　称	代号	单位	单价（元）	数　量			
人工	安装工	1002	工日	145.80	2.720	2.120	3.180	2.580
材料	空调冷暖转换信号滤波器	219092	台	—	—	—	（1.000）	（1.000）
	空调电源滤波器	219091	台	—	（2.000）	（2.000）	（2.000）	（2.000）
	黄铜网 100 目	207241	m^2	46.150	0.360	0.360	0.440	0.440
	铁砂布 0# ~ 2#	218024	张	0.970	1.000	1.000	1.000	1.000
	电焊条 综合	207290	kg	6.000	0.120	0.120	0.180	0.180
	焊锡	207294	kg	67.720	0.250	0.250	0.250	0.250
	酒精	209048	kg	35.000	0.100	0.100	0.100	0.100
	棉纱头	218101	kg	5.830	0.300	0.300	0.300	0.300
	脱脂纱布 25g/ 卷	218081	卷	2.000	1.000	1.000	1.000	1.000
	液管绝缘接口	219096	套	1320.000	1.000	—	1.000	—
	气管波导	219094	套	280.000	1.000	1.000	1.000	1.000
	液管波导	219093	套	280.000	1.000	1.000	1.000	1.000
	滤波器钢垫块	201139	块	4.100	2.000	2.000	3.000	3.000
	室外机组绝缘底座	219098	套	80.000	1.000	—	1.000	—
	气管绝缘接口	219097	套	1320.000	1.000	—	1.000	—
	水管波导	219095	套	250.000	1.000	1.000	1.000	1.000
	其他材料费	2999	元	—	4.600	4.600	4.800	4.800
机械	交流弧焊机 ≤ 32kV · A	3100	台班	140.710	0.060	0.060	0.090	0.090
	其他机具费	3999	元	—	6.800	6.800	7.400	7.400

第五节　信号接口板

工作内容：定位、划线、窗孔切割、安装、清洁处理。　　计量单位：套

定额编号					19007001
项目名称					信号接口板
预算基价					1754.72
其中	人工费（元）				125.39
	材料费（元）				1591.41
	机械费（元）				37.92
	仪器仪表费（元）				—
名　称		代号	单位	单价（元）	数　量
人工	安装工	1002	工日	145.80	0.860
材料	脱脂纱布 25g/ 卷	218081	卷	2.000	1.000
	铁砂布 0# ~ 2#	218024	张	0.970	1.000
	二氧化碳气	209122	m^3	2.000	0.380
	清洁喷雾剂 80ml/ 支	218042	支	7.000	0.200
	二氧化碳焊丝 ϕ0.8	207286	m	7.690	0.220
	信号接口板	219099	套	1580.000	1.000
	角向砂轮片 $\phi100 \times 16$	208050	片	2.820	0.200
	电焊条 综合	207290	kg	6.000	0.120
	其他材料费	2999	元	—	3.300
机械	等离子切割机≤ 80A	3119	台班	85.000	0.060
	电动空气压缩机 ≤ $1m^3$/min	3109	台班	74.800	0.060
	二氧化碳气体保护焊机≤ 250A	3094	台班	81.620	0.180
	交流弧焊机 ≤ 32kV · A	3100	台班	140.710	0.060
	其他机具费	3999	元	—	5.200

第六节　光 纤 接 口

工作内容：定位、划线、钻孔、安装、清洁处理。　　　　计量单位：套

定额编号					19008001	19008002
项目名称					100Mbps	1Gbps
预算基价					3425.97	7685.97
其中	人工费（元）				97.69	97.69
	材料费（元）				3324.98	7584.98
	机械费（元）				3.30	3.30
	仪器仪表费（元）				—	—
名　称		代号	单位	单价（元）	数　量	
人工	安装工	1002	工日	145.80	0.670	0.670
材料	脱脂纱布 25g/ 卷	218081	卷	2.000	0.200	0.200
	酒精	209048	kg	35.000	0.025	0.025
	光纤转换器 1Gbps	219101	套	6800.000	—	1.000
	铁砂布 $0^{\#}$ ~ $2^{\#}$	218024	张	0.970	0.150	0.150
	光纤转换器 100Mbps	219100	套	2540.000	1.000	—
	光纤尾带及波导管	219102	套	780.000	1.000	1.000
	黄铜网 100 目	207241	m^2	46.150	0.030	0.030
	其他材料费	2999	元	—	2.170	2.170
机械	其他机具费	3999	元	—	3.300	3.300

第七节　电视监控接口

工作内容：定位、划线、钻孔、安装。　　　　计量单位：套

定额编号					19009001	19009002
项目名称					单摄像机	双摄像机
预算基价					7606.29	10089.74
其中	人工费（元）				312.01	393.66
	材料费（元）				7287.58	9688.28
	机械费（元）				6.70	7.80
	仪器仪表费（元）				—	—
名　称		代号	单位	单价（元）	数　量	
人工	安装工	1002	工日	145.80	2.140	2.700
材料	脱脂纱布 25g/卷	218081	卷	2.000	0.200	0.200
	酒精	209048	kg	35.000	0.030	0.030
	双路视频及控制光纤转换器	219104	套	8900.000	—	1.000
	铁砂布 $0^{\#}$ ~ $2^{\#}$	218024	张	0.970	0.150	0.150
	单路视频及控制光纤转换器	219103	套	6500.000	1.000	—
	光纤尾带及波导管	219102	套	780.000	1.000	1.000
	黄铜网 100 目	207241	m^2	46.150	0.030	0.030
	其他材料费	2999	元	—	4.600	5.300
机械	其他机具费	3999	元	—	6.700	7.800

第八节　消 防 接 口

一、烟雾声光报警传感器接口安装

工作内容：定位、划线、钻孔、焊接、安装。　　　　计量单位：套

定额编号					19010001
项目名称					烟雾声光报警接口
预算基价					65.88
其中	人工费（元）				45.49
	材料费（元）				11.46
	机械费（元）				8.93
	仪器仪表费（元）				—
	名　称	代号	单位	单价（元）	数　量
人工	安装工	1002	工日	145.80	0.312
材料	消防滤波器	219105	台	—	（1.000）
	铁砂布 0# ~ 2#	218024	张	0.970	0.150
	脱脂纱布 25g/ 卷	218081	卷	2.000	0.200
	酒精	209048	kg	35.000	0.030
	电焊条 综合	207290	kg	6.000	0.070
	滤波器钢垫块	201139	块	4.100	1.000
	黄铜网 100 目	207241	m^2	46.150	0.040
	其他材料费	2999	元	—	3.500
机械	交流弧焊机 ≤ 32kV · A	3100	台班	140.710	0.040
	其他机具费	3999	元	—	3.300

二、消防水、气管道接口安装

工作内容：定位、划线、割孔、焊接、安装。　　计量单位：套

定额编号					19011001	19011002	19011003	19011004
项目名称					公称内径（mm）			
					15	25	32	40
预算基价					630.24	698.45	776.75	864.97
其中	人工费（元）				72.90	80.19	87.48	94.77
	材料费（元）				544.78	604.88	675.08	755.19
	机械费（元）				12.56	13.38	14.19	15.01
	仪器仪表费（元）				—	—	—	—
名称		代号	单位	单价（元）	数量			
人工	安装工	1002	工日	145.80	0.500	0.550	0.600	0.650
材料	消防波导 *DN*15	219106	套	540.000	1.000	—	—	—
	消防波导 *DN*25	219107	套	600.000	—	1.000	—	—
	消防波导 *DN*32	219108	套	670.000	—	—	1.000	—
	消防波导 *DN*40	219109	套	750.000	—	—	—	1.000
	二氧化碳焊丝 $\phi0.8$	207286	m	7.690	0.050	0.060	0.080	0.090
	二氧化碳气	209122	m^3	2.000	0.100	0.110	0.130	0.150
	其他材料费	2999	元	—	4.200	4.200	4.200	4.200
机械	电动空气压缩机 ≤ $1m^3/min$	3109	台班	74.800	0.030	0.030	0.030	0.030
	等离子切割机≤ 80A	3119	台班	85.000	0.030	0.030	0.030	0.030
	二氧化碳气体保护焊机≤ 250A	3094	台班	81.620	0.040	0.050	0.060	0.070
	其他机具费	3999	元	—	4.500	4.500	4.500	4.500

工作内容：定位、划线、割孔、焊接、安装。　　　　计量单位：套

定额编号				19011005	19011006	19011007	19011008
项目名称				公称内径（mm）			
				50	65	80	100
预算基价				964.36	1073.80	1222.10	1380.32
其中	人工费（元）			102.06	109.35	116.64	123.93
	材料费（元）			845.69	945.93	1086.12	1236.24
	机械费（元）			16.61	18.52	19.34	20.15
	仪器仪表费（元）			—	—	—	—
名称	代号	单位	单价（元）	数量			
人工 安装工	1002	工日	145.80	0.700	0.750	0.800	0.850
材料 消防波导 *DN*50	219110	套	840.000	1.000	—	—	—
消防波导 *DN*65	219111	套	940.000	—	1.000	—	—
消防波导 *DN*80	219112	套	1080.000	—	—	1.000	—
消防波导 *DN*100	219113	套	1230.000	—	—	—	1.000
二氧化碳焊丝 ϕ0.8	207286	m	7.690	0.090	0.100	0.120	0.130
二氧化碳气	209122	m^3	2.000	0.150	0.180	0.200	0.220
其他材料费	2999	元	—	4.700	4.800	4.800	4.800
机械 电动空气压缩机 ≤ $1m^3$/min	3109	台班	74.800	0.040	0.040	0.040	0.040
等离子切割机≤ 80A	3119	台班	85.000	0.040	0.040	0.040	0.040
二氧化碳气体保护焊机≤ 250A	3094	台班	81.620	0.070	0.080	0.090	0.100
其他机具费	3999	元	—	4.500	5.600	5.600	5.600

工作内容：定位、划线、割孔、焊接、安装。　　　　计量单位：套

定额编号				19011009	19011010	19011011
项目名称				公称内径（mm）		
				125	150	200
预算基价				1590.25	1870.30	2438.52
其中	人工费（元）			131.22	138.51	145.80
	材料费（元）			1436.46	1706.79	2266.90
	机械费（元）			22.57	25.00	25.82
	仪器仪表费（元）			—	—	—
名称	代号	单位	单价（元）	数量		
人工 安装工	1002	工日	145.80	0.900	0.950	1.000
材料 消防波导 *DN*125	219114	套	1430.000	1.000	—	—
消防波导 *DN*150	219115	套	1700.000	—	1.000	—
消防波导 *DN*200	219116	套	2260.000	—	—	1.000
二氧化碳气	209122	m^3	2.000	0.240	0.290	0.310
二氧化碳焊丝 ϕ0.8	207286	m	7.690	0.140	0.170	0.180
其他材料费	2999	元	—	4.900	4.900	4.900
机械 电动空气压缩机 ≤ $1m^3$/min	3109	台班	74.800	0.050	0.050	0.050
等离子切割机≤ 80A	3119	台班	85.000	0.050	0.050	0.050
二氧化碳气体保护焊机≤ 250A	3094	台班	81.620	0.110	0.130	0.140
其他机具费	3999	元	—	5.600	6.400	6.400

第九节　散热灯箱（含波导窗、维修口）

工作内容：定位、划线、割孔、焊接、安装。　　　　计量单位：套

定额编号					19012001	19012002
项目名称					热浸锡波导窗	真空钎焊波导窗
预算基价					1534.18	1654.18
其中	人工费（元）				134.14	134.14
	材料费（元）				1348.42	1468.42
	机械费（元）				51.62	51.62
	仪器仪表费（元）				—	—
名称		代号	单位	单价（元）	数量	
人工	安装工	1002	工日	145.80	0.920	0.920
材料	二氧化碳气	209122	m^3	2.000	1.000	1.000
	镀锌垫圈 10	207491	个	0.080	42.000	42.000
	脱脂纱布 25g/ 卷	218081	卷	2.000	1.000	1.000
	真空钎焊波导窗 300×200×3.2	219077	个	940.000	—	1.000
	酒精	209048	kg	35.000	0.050	0.050
	散热灯箱体含维修口	219117	套	450.000	1.000	1.000
	热浸锡六角波导窗 300×200×5	219073	个	820.000	1.000	—
	防辐射导电衬垫 W25	219118	m	27.000	2.100	2.100
	镀锌带母螺栓 10×20 ~ 35	207124	套	0.280	21.000	21.000
	二氧化碳焊丝 ϕ0.8	207286	m	7.690	0.550	0.550
	其他材料费	2999	元	—	2.500	2.500
机械	电动空气压缩机 ≤ $1m^3/min$	3109	台班	74.800	0.070	0.070
	等离子切割机≤ 80A	3119	台班	85.000	0.070	0.070
	二氧化碳气体保护焊机≤ 250A	3094	台班	81.620	0.450	0.450
	其他机具费	3999	元	—	3.700	3.700

第六章
辅 助 工 程

说明及工程量计算规则

说　明

1. 本章主要内容包括：墙板矩形钢管龙骨、轻钢龙骨，含衬板或不含衬板铝塑面层的电磁屏蔽室内壳装饰墙，底面方管钢地梁和可调支架，防静电复合地板，防静电钢质活动地板以及天棚龙骨和铝合金嵌入式方板安装。

2. 本章定额为装配式、焊接式、直贴式电磁屏蔽室和核磁共振电磁屏蔽室等内装饰辅助配套项目，计算工程量时，电磁屏蔽室波导窗、滤波器、各类接口和消防水、气管进口等开孔所占面积均不得扣除。

3. 定额中底面内装饰仅设置防静电复合地板和防静电活动钢地板两种板材，若设计或功能要求使用其他铺地材料时，材料单价可换算调整，其余不变；当采用自流平或防静电自流平等其他地面时，可执行本套定额第五册《洁净厂房、数据中心及电子环境工程》中围护结构相应子目。

4. 室内天棚错台时，天棚面积和高、低错台中的挑层面积合并计算吊顶总工程量，不得扣除检查口、柱、嵌顶灯槽、散热灯箱和送风口等所占面积。

工程量计算规则

1. 无衬板铝塑板护墙内装饰按对应龙骨子目及图示尺寸以“m^2”计算。

2. 加衬板铝塑板护墙内装饰按对应衬板材质及图示尺寸以“m^2”计算。

3. 防静电复合活动地板骨架中方管钢地梁和可调支架均按图示尺寸以“m^2”计算。

4. 防静电钢质活动地板按图示尺寸以“m^2”计算。

5. 天棚吊顶龙骨均按图示尺寸以“m^2”计算。

6. 天棚装饰铝合金嵌入式方板按图示尺寸以“m^2”计算。

第一节 铝塑板护墙内装饰

工作内容：清扫、搬运、下料、支撑件制作、焊接、安装、净面。　　　　计量单位：m²

定额编号					20001001	20001002	20001003	20001004	20001005
项目名称					无衬板			75轻钢龙骨加衬板	
					矩形钢管龙骨	50轻钢龙骨	75轻钢龙骨	纸面石膏板	水泥加压板
预算基价					230.74	229.32	203.29	119.52	198.26
其中	人工费（元）				93.31	93.31	97.69	112.27	110.81
	材料费（元）				120.15	126.76	94.95	76.10	76.10
	机械费（元）				17.28	9.25	10.65	11.15	11.35
	仪器仪表费（元）				—	—	—	—	—
	名称	代号	单位	单价（元）	数量				
人工	安装工	1002	工日	145.80	0.640	0.640	0.670	0.770	0.760
材料	轻钢龙骨 77×40（C75-1）	206111	m	—	—	—	（0.840）	（0.840）	（0.840）
	边龙骨 TL22×22	206175	m	—	—	（0.404）	（0.404）	（0.404）	（0.404）
	水泥加压平板	206080	m²	—	—	—	—	—	（1.100）
	纸面石膏板 12	206084	m²	—	—	—	—	（1.100）	—
	轻钢龙骨 75×50（C75-2）	206110	m	—	—	—	（3.500）	（2.625）	（2.625）
	轻钢龙骨 38×12（C75-3）	206112	m	—	—	—	（0.912）	（0.912）	（0.912）
	抽芯铆钉 $\phi4\times13$	207266	100个	5.000	—	0.355	—	—	—
	轻钢龙骨 50×20	206101	kg	6.410	—	3.850	—	—	—
	万能胶	209152	kg	18.000	—	—	—	0.375	0.375
	轻钢龙骨支撑卡	206247	个	0.420	—	—	3.500	2.625	2.625
	铝合金平嵌条	206040	m	12.400	1.750	1.750	1.750	—	—
	木质踢脚板	203043	m	15.000	0.404	0.404	—	—	—
	冷轧钢板 $\delta3$ 以内	201039	kg	5.700	0.871	0.555	0.452	0.452	0.452
	铝塑板 5	206085	m²	55.090	1.100	1.100	1.100	1.100	1.100
	矩形焊接钢管 40×20×1	201050	kg	5.150	3.388	—	—	—	—
	自攻螺钉 M4×16	207409	100个	8.000	1.346	0.013	0.013	0.013	0.013
	棉纱头	218101	kg	5.830	0.080	0.080	0.080	0.080	0.080
	盘头抽芯铝铆钉 $\phi3.2\times11$	207268	个	0.050	11.667	11.667	11.667	—	—
	玻璃胶（密封胶）	209060	支	28.000	0.116	0.116	0.116	—	—
	电焊条 综合	207290	kg	6.000	0.130	0.030	—	0.050	0.050
	其他材料费	2999	元	—	4.200	4.200	4.200	4.200	4.200
机械	型材切割机	3108	台班	18.310	0.040	0.040	0.040	0.040	0.040
	交流弧焊机≤32kV·A	3100	台班	140.710	0.070	0.020	0.030	0.030	0.030
	其他机具费	3999	元	—	6.700	5.700	5.700	6.200	6.400

第二节　底面内装饰

工作内容：搬运、定位、安装、找正、找平、净面。　　　　计量单位：m^2

定额编号					20002001	20002002	20002003
项目名称					防静电复合活动地板		防静电钢质活动地板
					方管钢地梁	可调支架	
预算基价					346.88	372.31	152.36
其中	人工费（元）				86.02	96.23	96.23
	材料费（元）				254.93	269.95	49.95
	机械费（元）				5.13	5.33	5.38
	仪器仪表费（元）				0.80	0.80	0.80
	名称	代号	单位	单价（元）	数量		
人工	安装工	1002	工日	145.80	0.590	0.660	0.660
材料	钢制活动地板永久性防静电、PVC贴面、300 ~ 500kg级	206060	m^2	—	—	—	（1.100）
	配套可调支架及横梁	217093	m^2	44.000	—	1.100	1.100
	棉纱头	218101	kg	5.830	0.060	0.060	0.060
	复合活动地板600×600	206053	m^2	200.000	1.100	1.100	—
	方管钢地梁	217092	m^2	30.350	1.100	—	—
	其他材料费	2999	元	—	1.200	1.200	1.200
机械	石料切割机	3115	台班	23.690	—	—	0.050
	电动曲线锯600W	3107	台班	31.000	0.030	0.030	—
	其他机具费	3999	元	—	4.200	4.400	4.200
仪器仪表	其他仪器仪表费	4999	元	—	0.800	0.800	0.800

第三节　天棚内装饰

工作内容：搬运、定位、支撑件制作、焊接、安装、铺板、净面。　　计量单位：m^2

定额编号					20003001	20003002
项目名称					天棚龙骨	铝合金嵌入式方板
预算基价					1642.17	18.96
其中	人工费（元）				49.57	15.31
	材料费（元）				1584.87	0.85
	机械费（元）				7.73	2.80
	仪器仪表费（元）				—	—
	名　称	代号	单位	单价（元）	数　量	
人工	安装工	1002	工日	145.80	0.340	0.105
材料	铝合金嵌入式方板	206339	m^2	—	—	（1.100）
	U型38轻钢主龙骨 CB38×12	206121	m	—	（1.280）	—
	Δ型轻钢龙骨25×25	206327	m	—	（1.720）	—
	铝合金边龙骨25×25	206325	m	—	（0.850）	—
	螺栓 M5×30	207047-1	个	0.750	1.750	—
	螺栓 M6×60	207047-3	个	0.150	1.380	—
	电焊条 综合	207290	kg	6.000	0.040	—
	六角螺母6	207058	个	0.027	3.500	—
	棉纱头	218101	kg	5.830	—	0.060
	六角螺母5	207057	个	0.016	1.750	—
	镀锌扁钢	201024	t	7900.000	0.200	—
	U型38轻钢龙骨连接件 CB38-L	206127	个	1.050	0.200	—
	U型38轻钢龙骨吊件 CB38-1	206142	个	0.680	1.380	—
	Δ型轻钢龙骨连接件	206331	个	0.260	0.400	—
	Δ型轻钢龙骨挂件	206329	个	0.340	1.880	—
	其他材料费	2999	元	—	1.100	0.500
机械	交流弧焊机 ≤32kV·A	3100	台班	140.710	0.040	—
	其他机具费	3999	元	—	2.100	2.800

第七章

测 试 工 程

说明及工程量计算规则

说　明

1. 本章主要内容包括：检漏，电磁屏蔽门、电磁屏蔽窗、壳体板体、空调接口、波导窗、滤波器及其他接口自检测试。

2. 检漏、屏蔽效能测试应在屏蔽工程的壳体、门窗及各类接口安装完成后、内装饰之前进行。

3. 焊接式电磁屏蔽工程必须检漏，装配式、直贴式和核磁共振电磁屏蔽工程不需检漏。

4. 屏蔽效能测试应严格按现行国家标准《电磁屏蔽室屏蔽效能的测量方法》GB/T 12190执行。屏蔽效能测试分14kHz～1GHz、1GHz～10GHz、10GHz～18GHz、18GHz～40GHz四个频率段。14kHz～1GHz频段可选择14kHz、100kHz、200kHz、450MHz、950MHz五频率点测试；1GHz～10GHz频段可选择3GHz、6GHz、10GHz三频率点测试；10GHz～18GHz频段可选择18GHz频率点测试；18GHz～40GHz频段可选择26.5GHz、36GHz、40GHz三频率点测试。测试频率超过40GHz时按实际发生额计算取费。

5. 壳体整体屏蔽效能测试时，室高在3m以下时，空间测试点按水平间距2.6m布点；室高在3m以上时，应按垂直间距2.6m进行分层后再按水平测试点间距布点及测试。

6. 仪器仪表栏中的信号发生器、放大器和频谱分析仪台班单价内已综合了仪器仪表测试过程中需配置的线缆、天线和接插件等。

工程量计算规则

1. 电磁屏蔽门、空调及其他接口的检漏以“套”计算。

2. 壳体板缝的检漏以壳体六面展开面积“m^2”计算。

3. 门屏蔽效能测试按各频段内选测的频率测点以“个”计算。

4. 窗屏蔽效能测试以“套”计算。

5. 壳体板缝屏蔽效能测试按相应的壳体底面积及各频段内选测的频率测点以“个”计算。

6. 空调接口屏蔽效能测试按各频段内选测的频率测点以“个”计算。

7. 波导窗、滤波器及其他接口屏蔽效能测试按各频段内选测的频率测点以“个”计算。

第一节 检　漏

工作内容：预埋线敷设、测试、配合泄漏点整修、复检。　　计量单位：套

定额编号					21001001	21001002	21001003	21001004
项目名称					门	空调	其他接口	壳体板缝（m^2）
预算基价					28.84	46.18	22.79	12.26
其中	人工费（元）				26.24	41.98	20.99	10.50
	材料费（元）				0.60	1.00	0.20	0.96
	机械费（元）				—	—	—	—
	仪器仪表费（元）				2.00	3.20	1.60	0.80
名　称		代号	单位	单价（元）	数　量			
人工	调试工	1003	工日	209.90	0.125	0.200	0.100	0.050
材料	铜芯聚氯乙烯绝缘电线 BV—4	214010	m	—	—	—	—	0.300
	其他材料费	2999	元	—	0.600	1.000	0.200	0.100
仪器仪表	检漏仪	4354	台班	40.000	0.050	0.080	0.040	0.020

第二节　电磁屏蔽门

工作内容：屏蔽效能测试、出具自检报告。　　　　　　计量单位：个

定额编号					21002001	21002002	21002003	21002004	21002005
项目名称					频段				
					10kHz ~ 1GHz		1GHz ~ 10GHz	10GHz ~ 18GHz	18GHz ~ 40GHz
					10kHz ~ 200kHz	450MHz ~ 1GHz			
预算基价					240.59	121.82	176.72	292.32	502.21
其中	人工费（元）				151.13	75.56	75.56	92.36	100.75
	材料费（元）				3.06	3.06	3.06	3.06	3.06
	机械费（元）				—	—	—	—	—
	仪器仪表费（元）				86.40	43.20	98.10	196.90	398.40
	名称	代号	单位	单价（元）	数量				
人工	调试工	1003	工日	209.90	0.720	0.360	0.360	0.440	0.480
材料	其他材料费	2999	元	—	3.060	3.060	3.060	3.060	3.060
仪器仪表	信号发生器	4004	台班	920.000	—	—	—	0.110	—
	前置放大器	4236	台班	150.000	—	—	0.090	0.110	—
	信号发生器	4011	台班	1260.000	—	—	—	—	0.120
	前置放大器	4237	台班	460.000	—	—	—	—	0.120
	频谱分析仪	4124	台班	1600.000	—	—	—	—	0.120
	频谱分析仪	4122	台班	360.000	0.180	0.090	—	—	—
	信号发生器	4002	台班	80.000	0.180	0.090	—	—	—
	前置放大器	4235	台班	40.000	0.180	0.090	—	—	—
	频谱分析仪	4123	台班	720.000	—	—	0.090	0.110	—
	信号发生器	4003	台班	220.000	—	—	0.090	—	—

第三节　电磁屏蔽窗

工作内容：屏蔽效能测试、出具自检报告。　　　　计量单位：套

定额编号					21003001
项目名称					屏蔽效能检测（450MHz、950MHz）
预算基价					181.54
其中	人工费（元）				117.54
	材料费（元）				2.40
	机械费（元）				—
	仪器仪表费（元）				61.60
名称		代号	单位	单价（元）	数量
人工	调试工	1003	工日	209.90	0.560
材料	其他材料费	2999	元	—	2.400
仪器仪表	频谱分析仪	4122	台班	360.000	0.140
	信号发生器	4002	台班	80.000	0.140

第四节　壳体、板体

工作内容：屏蔽效能测试、出具自检报告。　　　　　计量单位：个

定额编号					21004001	21004002	21004003	21004004	21004005
项目名称					壳体底面积≤ 25m²				
					频段				
					10kHz ~ 1GHz		1GHz ~ 10GHz	10GHz ~ 18GHz	18GHz ~ 40GHz
预算基价					479.64	360.87	525.57	819.76	1377.25
其中	人工费（元）				302.26	226.69	226.69	260.28	277.07
	材料费（元）				4.58	4.58	4.58	4.58	4.58
	机械费（元）				—	—	—	—	—
	仪器仪表费（元）				172.80	129.60	294.30	554.90	1095.60
名称		代号	单位	单价（元）	数量				
人工	调试工	1003	工日	209.90	1.440	1.080	1.080	1.240	1.320
材料	其他材料费	2999	元	—	4.580	4.580	4.580	4.580	4.580
仪器仪表	信号发生器	4004	台班	920.000	—	—	—	0.310	—
	前置放大器	4236	台班	150.000	—	—	0.270	0.310	—
	信号发生器	4011	台班	1260.000	—	—	—	—	0.330
	前置放大器	4237	台班	460.000	—	—	—	—	0.330
	频谱分析仪	4124	台班	1600.000	—	—	—	—	0.330
	频谱分析仪	4122	台班	360.000	0.360	0.270	—	—	—
	信号发生器	4002	台班	80.000	0.360	0.270	—	—	—
	前置放大器	4235	台班	40.000	0.360	0.270	—	—	—
	频谱分析仪	4123	台班	720.000	—	—	0.270	0.310	—
	信号发生器	4003	台班	220.000	—	—	0.270	—	—

工作内容：屏蔽效能测试、出具自检报告。　　计量单位：个

定额编号				21004006	21004007	21004008	21004009	21004010
项目名称				壳体底面积≤ 100m²				
				频段				
				10kHz ~ 1GHz		1GHz ~ 10GHz	10GHz ~ 18GHz	18GHz ~ 40GHz
预算基价				955.91	718.38	1047.78	1636.15	2751.14
其中	人工费（元）			604.51	453.38	453.38	520.55	554.14
	材料费（元）			5.80	5.80	5.80	5.80	5.80
	机械费（元）			—	—	—	—	—
	仪器仪表费（元）			345.60	259.20	588.60	1109.80	2191.20
名称		代号	单位	单价（元）	数量			
人工	调试工	1003	工日	209.90	2.880	2.160	2.160	2.480	2.640
材料	其他材料费	2999	元	—	5.800	5.800	5.800	5.800	5.800
仪器仪表	信号发生器	4004	台班	920.000	—	—	—	0.620	—
	前置放大器	4236	台班	150.000	—	—	0.540	0.620	—
	信号发生器	4011	台班	1260.000	—	—	—	—	0.660
	前置放大器	4237	台班	460.000	—	—	—	—	0.660
	频谱分析仪	4124	台班	1600.000	—	—	—	—	0.660
	频谱分析仪	4122	台班	360.000	0.720	0.540	—	—	—
	信号发生器	4002	台班	80.000	0.720	0.540	—	—	—
	前置放大器	4235	台班	40.000	0.720	0.540	—	—	—
	频谱分析仪	4123	台班	720.000	—	—	0.540	0.620	—
	信号发生器	4003	台班	220.000	—	—	0.540	—	—

工作内容：屏蔽效能测试、出具自检报告。　　计量单位：个

定额编号				21004011	21004012	21004013	21004014	21004015
项目名称				壳体底面积≤ 500m²				
				频段				
				10kHz ~ 1GHz		1GHz ~ 10GHz	10GHz ~ 18GHz	18GHz ~ 40GHz
预算基价				1908.02	1432.97	2091.77	3268.50	5498.47
其中	人工费（元）			1209.02	906.77	906.77	1041.10	1108.27
	材料费（元）			7.80	7.80	7.80	7.80	7.80
	机械费（元）			—	—	—	—	—
	仪器仪表费（元）			691.20	518.40	1177.20	2219.60	4382.40
名称		代号	单位	单价（元）	数量			
人工	调试工	1003	工日	209.90	5.760	4.320	4.320	4.960	5.280
材料	其他材料费	2999	元	—	7.800	7.800	7.800	7.800	7.800
仪器仪表	信号发生器	4004	台班	920.000	—	—	—	1.240	—
	前置放大器	4236	台班	150.000	—	—	1.080	1.240	—
	信号发生器	4011	台班	1260.000	—	—	—	—	1.320
	前置放大器	4237	台班	460.000	—	—	—	—	1.320
	频谱分析仪	4124	台班	1600.000	—	—	—	—	1.320
	频谱分析仪	4122	台班	360.000	1.440	1.080	—	—	—
	信号发生器	4002	台班	80.000	1.440	1.080	—	—	—
	前置放大器	4235	台班	40.000	1.440	1.080	—	—	—
	频谱分析仪	4123	台班	720.000	—	—	1.080	1.240	—
	信号发生器	4003	台班	220.000	—	—	1.080	—	—

第五节　空 调 接 口

工作内容：屏蔽效能测试、出具自检报告。　　　　计量单位：个

定额编号					21005001	21005002	21005003	21005004	21005005
项目名称					频段				
					10kHz ~ 1GHz		1GHz ~ 10GHz	10GHz ~ 18GHz	18GHz ~ 40GHz
					10kHz ~ 200kHz	450MHz ~ 1GHz			
预算基价					106.57	80.18	116.78	211.37	375.36
其中	人工费（元）				67.17	50.38	50.38	67.17	75.56
	材料费（元）				1.00	1.00	1.00	1.00	1.00
	机械费（元）				—	—	—	—	—
	仪器仪表费（元）				38.40	28.80	65.40	143.20	298.80
名称		代号	单位	单价（元）	数量				
人工	调试工	1003	工日	209.90	0.320	0.240	0.240	0.320	0.360
材料	其他材料费	2999	元	—	1.000	1.000	1.000	1.000	1.000
仪器仪表	信号发生器	4004	台班	920.000	—	—	—	0.080	—
	前置放大器	4236	台班	150.000	—	—	0.060	0.080	—
	信号发生器	4011	台班	1260.000	—	—	—	—	0.090
	前置放大器	4237	台班	460.000	—	—	—	—	0.090
	频谱分析仪	4124	台班	1600.000	—	—	—	—	0.090
	频谱分析仪	4122	台班	360.000	0.080	0.060	—	—	—
	信号发生器	4002	台班	80.000	0.080	0.060	—	—	—
	前置放大器	4235	台班	40.000	0.080	0.060	—	—	—
	频谱分析仪	4123	台班	720.000	—	—	0.060	0.080	—
	信号发生器	4003	台班	220.000	—	—	0.060	—	—

第六节　波导窗、滤波器及其他接口

工作内容：屏蔽效能测试、出具自检报告。　　　　　计量单位：个

定额编号					21006001	21006002	21006003	21006004	21006005
项目名称					频段				
					10kHz ~ 1GHz		1GHz ~ 10GHz	10GHz ~ 18GHz	18GHz ~ 40GHz
					10kHz ~ 200kHz	450MHz ~ 1GHz			
预算基价					53.38	53.38	77.78	105.78	166.98
其中	人工费（元）				33.58	33.58	33.58	33.58	33.58
	材料费（元）				0.60	0.60	0.60	0.60	0.60
	机械费（元）				—	—	—	—	—
	仪器仪表费（元）				19.20	19.20	43.60	71.60	132.80
名称		代号	单位	单价（元）	数量				
人工	调试工	1003	工日	209.90	0.160	0.160	0.160	0.160	0.160
材料	其他材料费	2999	元	—	0.600	0.600	0.600	0.600	0.600
仪器仪表	信号发生器	4004	台班	920.000	—	—	—	0.040	—
	前置放大器	4236	台班	150.000	—	—	0.040	0.040	—
	信号发生器	4011	台班	1260.000	—	—	—	—	0.040
	前置放大器	4237	台班	460.000	—	—	—	—	0.040
	频谱分析仪	4124	台班	1600.000	—	—	—	—	0.040
	频谱分析仪	4122	台班	360.000	0.040	0.040	—	—	—
	信号发生器	4002	台班	80.000	0.040	0.040	—	—	—
	前置放大器	4235	台班	40.000	0.040	0.040	—	—	—
	频谱分析仪	4123	台班	720.000	—	—	0.040	0.040	—
	信号发生器	4003	台班	220.000	—	—	0.040	—	—

主 编 单 位： 工业和信息化部电子工业标准化研究院

参 编 单 位： 常州雷宁电磁屏蔽设备有限公司

中国电子系统工程第二建设有限公司

主要编制人员： 薛长立 戴永生 魏 梅 马宏浩 沈南平 侯荣华 陈 辉 李国钰

审 查 专 家： 王元光 王海宏 白洁如 王中和 吴佐民 刘 智 刘宝利 董士波 黄琦玲 罗廷菊 佟一文 魏晓东 朱承海 赵 珍 常海霞 孙 雷 贾致杰 黄守峰